Klaus Peter Keunecke

Immobilienbewertung

Entscheidungsorientierte Ansätze bei der Grundstücks- und Gebäudebewertung

Mit 7 Abbildungen und 9 Tabellen

Springer-Verlag

Berlin Heidelberg New York
London Paris Tokyo
Hong Kong Barcelona Budapest

Dr.Ing. Klaus Peter Keunecke
Institut für Bauwirtschaft
und Baubetrieb, FB/8
Technische Universität Berlin
Straße des 17. Juni
10623 Berlin

ISBN-13: 978-3-642-95709-3   e-ISBN-13: 978-3-642-95708-6
DOI: 10.1007/978-3-642-95708-6

CIP-Eintrag beantragt

Satz: Datenkonvertierung durch Lewis & Leins Buchproduktion, Berlin;
Druck: Mercedes-Druck, Berlin; Bindearbeiten: Lüderitz & Bauer, Berlin.
SPIN: 10089234 68/3020-5 4 3 2 1 0 – Gedruckt auf säurefreiem Papier.

Inhaltsverzeichnis

0 Problemstellung und Zielsetzung

Die Entscheidungstheorie hat als Teil der modernen Betriebswirtschaftslehre bereits Eingang in die Bewertungsverfahren ganzer Unternehmen gefunden. Ziel dieses Budis ist es, die Möglichkeit einer Übernahmeentscheidungsorientierter Ansätze in die Grundstücks- und Gebäudebewertung darzustellen.

Die bisherigen Bewertungsverfahren in der Grundstücks- und Gebäudebewertung beruhen auf empirischen Ansätzen, die im Laufe der Jahrhunderte weiterentwickelt und verfeinert wurden. Auch nachdem die Betriebswirtschaftslehre für die moderne Unternehmensbewertung die theoretischen Grundlagen im Rahmen der Entscheidungstheorie geschaffen hatte, wurden diese nicht in die Grundstücksbewertung übernommen. Dies gilt nicht allein für die Bundesrepublik, auch in anderen großen westlichen Industriestaaten sind bis heute lediglich einfache, auf Renditeüberlegungen beruhende Rechen- und Vergleichsverfahren üblich.

Tatsächlich haben sich die empirischen Verfahren aber als mangelhaft oder zumindest als unzureichend erwiesen, insbesondere wenn neue Marktentwicklungen Simulationsmodelle und theoretische Wertansätze erforderlich machten, wie dies am Beispiel der DDR deutlich wurde.

Das Ende der DDR und die Einführung des marktwirtschaftlichen Systems in diesem Gebiet führte zu einem dringenden und großen Bedarf an „richtigen" Werten für verschiedene Zwecke. Dies war ein zwingender Anlaß, theoretische Ansätze in die Grundstücksbewertung mit einzubeziehen.

Da aufgrund der rechtlichen Vorgaben durch das Baugesetzbuch die Fragestellung nicht lauten kann, herkömmliche, praktische Wertermittlungsverfahren durch die ent-

• Marktwirtschaft folgt planwirtschaftliches Verfahren

scheidungstheoretische Bewertung abzulösen, letztere aber faktische Relevanz besitzt, ist es ein Ziel dieser Arbeit, entscheidungstheoretische Grundsätze im Rahmen der konventionellen Grundstücksbewertung zu berücksichtigen.

Beide Bewertungsansätze werden nachfolgend kurz erarbeitet und am Beispiel der Beendigung der Planwirtschaft und der Einführung der Marktwirtschaft auf dem Gebiet der ehemaligen DDR bei der Marktbildung und Entwicklung bezüglich ihrer Brauchbarkeit beispielhaft überprüft. Zur Erarbeitung der Grundlagen ist es erforderlich, sowohl die Entstehung und Entwicklung der praktischen Grundstücksbewertungsverfahren darzustellen und die Entscheidungstheorie zu erläutern als auch auf die planwirtschaftlichen Verhältnisse als Ausgangsbasis für die Einführung des marktwirtschaftlichen Systems einzugehen.

In der Abfolge wird der Entstehung und Entwicklung der Bewertungsverfahren in der Grundstücksbewertung das Kapitel Entscheidungstheorie gegenübergestellt.

Bevor dann die Marktbildung und -entwicklung auf dem Gebiet der ehemaligen DDR unter Berücksichtigung dieser Verfahrensansätze dargestellt wird, erfolgt eine Betrachtung der Bewertungsgrundlagen der Planwirtschaft und ihrer systembedingten Abweichungen von den konventionellen Verfahren der Grundstückswertermittlung.

• Grundstücks-, Teilmarkt-Preise 1990/91

Die Angabe aktueller Ansätze aus dem Praxisbezug und die Marktdynamik ermöglichen, soweit Beträge angegeben werden, eine Preisübersicht für Winter 1990/91 mit dem Abschlußdatum April 1991.

1 Die Entwicklung der Wertermittlungsverfahren

Die Art, Herkunft und die Entwicklung der Ermittlungsverfahren in der Grundstücks- und Gebäudebewertung bis zum Ende des 2. Weltkrieges sind Gegenstand dieses Kapitels.

Historisch haben sich drei Wertermittlungsverfahren entwickelt, das Ertragswertverfahren, das Sachwertverfahren und die Bewertung durch Preisvergleich.

Das Sachwertverfahren basiert auf dem Beschaffungsaufwand und soll die Wiederherstellungs- bzw. Wiederbeschaffungskosten eines Gebäudes bzw. eines Grundstückes angeben. Der Ertragswert war und ist hingegen ein erfolgsorientierter Begriff, der im geschichtlichen Verlauf unterschiedlich definiert wurde. Die Feststellung beider Werte dient der Ermittlung eines Zielwertes wie dem Verkehrswert, dem Beleihungswert, dem steuerlichen Einheitswert, dem Feuerversicherungswert usw., wobei der Ertragswert regelmäßig dominierte.[1]

Die heutigen Wertermittlungsverfahren entwickelten sich mit der Entstehung des Immobiliarkredits in Deutschland zunächst für die Landwirtschaft. Betrachtet wird hier die Entstehung des Immobiliarkredits in Preußen, die Entwicklung dort war prägend für das Deutsche Reich und nachfolgend auch für die Bundesrepublik Deutschland.

1.1 Die Entstehung des Immobiliarkredits

Die Entstehung einer Marktwirtschaft setzt wirtschaftlichen Liberalismus voraus. Vorher, in einer Zeit, in der das Eigen-

---

1 vgl. Rössler/Langner/Simon: Schätzung und Ermittlung von Grundstückswerten, Neuwied und Darmstadt 1986, S. 147

• Der Immobiliarkredit steht und fällt mit dem wirtschaftlichen Liberalismus

tum gebunden war und die Wirtschaftsstruktur kollektive Züge hatte, war die Vorstellung eines Immobiliarkredits ungewöhnlich. Erst mit der allmählichen Auflösung dieser Bindungen konnte z.B. der Bauernhof als Wirtschaftseinheit gedacht werden.

Der Immobiliarkredit ist somit keine „apriorische Notwendigkeit, sondern die Schöpfung einer bestimmten Wirtschaftsepoche; er ist eines der Hilfsmittel, die das liberale Zeitalter dem freien Individuum an die Hand gab, um es im Wettbewerb um die Finanzierungsmittel gegenüber den großen Verkehrs- und Industrieunternehmen konkurrenzfähig zu erhalten. Seine Kraft ist vom Fortbestand der Eigentumsverfassung abhängig."[2]

Für die Gewährung eines Immobiliarkredits ist seine Absicherung notwendige Voraussetzung. Beim Immobiliarkredit wird die Sicherheit durch das belastete Grundstück gegeben. Voraussetzung hierfür ist eine genaue Bezeichnung von Lage und Umfang des belasteten Objektes sowie der hieran bestehenden oder möglicherweise noch entstehenden Rechte, wobei von Bedeutung ist, in welcher Rangfolge die Rechte zueinanderstehen bzw. in welcher Reihenfolge aus diesen Rechten vorgegangen werden kann.

• Das Grundbuch ordnet die Sicherheiten für den Kredit

Das Instrument, das diese Fragen zufriedenstellend klärt, ist das Grundbuch. Im Landrecht des Herzogtums Preußen um 1620 wurden für Preußen erstmals drei Ordnungsprinzipien eingeführt:

- *Die Publizität*, d.h. ein Pfandrecht wurde in einem all gemein von berechtigten Interessenten einsehbaren Regi ster, dem Hypothekenbuch bzw. Grundbuch, eingetragen.
- *Die Spezialität*, d.h. die Eintragung gibt zusammen mit den anderen Eintragungen eine genaue Auskunft über die recht lichen Verhältnisse der wirtschaftlichen Substanz eines einzelnen Grundstückes und
- *Die Priorität*, d.h., daß die Rangfolge der Rechtseintragungen nach zeitlichen Kriterien erfolgt. Hier wird aller dings eine Anzahl von Legalhypotheken auch ohne Eintragung wirksam.

---

2 Müller, Wulf Eberhard: Entwicklung des Hypothekenkredits in Europa, IIIe Congres International Du Credit Agrierle, Paris 1957, S. 32

Ab 1670 wurde auch in den Städten das Anlegen von Grundbüchern Pflicht.

Die Hypotheken- und Konkursordnung von 1722 übernahm die angeführten Ordnungsprinzipien und erließ die Anordnung, auf dieser Grundlage für alle Brandenburg-Preußischen Gebiete Grundbücher anzulegen.

Das Prioritätsprinzip galt hiernach allerdings zunächst nur für eine begrenzte Zeit von 5–10 Jahren, danach wurden Forderungen von Bau- oder sonstigen Meliorationsgläubigern vorrangig behandelt. Erst ab 1748 wurde das Prioritätsprinzip strikt eingeführt, d.h. eine Hypothek konnte nicht mehr von ihrem Rang verdrängt werden; eine im wesentlichen heute noch gültige Regelung.

Die Hypotheken- und Konkursordnung von 1722 enthielt erstmals genaue und mit Beispielen belegte „Taxgrundsätze" und gewisse „Normalabschläge", die sich auf die Bewertung landwirtschaftlicher Güter bezogen.

In den Taxationsvorschriften wurde unterschieden, ob die Schätzungen zum Zwecke der Auseinandersetzung oder für den Konkursfall durchgeführt wurden. Bei Auseinandersetzungen sollte ein möglichst niedriger Wert angegeben werden, bei Konkursen hingegen hohe Werte ermittelt werden.

Daneben bestanden bereits zuvor auf die Kameralisten zurückgehende Vorschriften über das Erfassen von Flächen, Zubehör, Nutzung und Ertrag der Staats- und Krongüter. Die Ertragsanschläge waren hier jedoch recht grob und berücksichtigten z. B. nicht die einzelnen Ausgaben für die verschiedenen Betriebsmittel und Handwerker.[3]

Daher waren die Ergebnisse auch nicht zufriedenstellend:

„Die Taxpreise bei den Landgütern entsprachen jedoch keineswegs den wirklichen Preisen, d.h. dem Marktwert der Güter. Sie errechneten sich aus der Kapitalisierung der Differenz zwischen dem Ertrag und der Summe der ‚notwendigen', der ‚nützlichen' und – jedenfalls in angemessenem Rahmen – der der ‚Pracht' und der ‚Üppigkeit' dienenden Ausgaben."[4]

- 1748: Einführung des Prioritätsprinzips

- Taxgrundsätze seit 1722

- Taxpreise versus Marktwert

---

[3] vgl. Henning, F.W.: Die Verschuldung der Bodeneigentümer in Norddeutschland im ausgehenden 18. Jahrhundert bis gegen Ende des 19. Jahrhunderts, in: Coing/Wilhelm, Wis-senschaft und Kodifikation des Privatrechts im 19. Jahrhundert, Bd. 3, Frankfurt 1976, S. 278

[4] ebenda

Im 18. und bis zur Mitte des 19. Jahrhunderts wurde der Grundbesitz weitgehend vom Adel dominiert und die Anforderungen aus dieser Gesellschaftsstruktur prägten daher das Bewertungswesen.

1.1.1 Die Tätigkeit der Landschaften

Nach dem Siebenjährigen Krieg, der mit dem Anschluß Schlesiens an Preußen endete, befanden sich große Teile des Adels in einer finanziell schwierigen Lage, die sich auch in einer starken Zunahme der Verschuldung der Rittergüter zwischen 1763 und 1768 ausdrückte und mit den durch den Krieg eingetretenen Zerstörungen und Verlusten begründet wurde. Zwar sind erhebliche Kriegsschäden unbestreitbar, die Geldnot beruhte aber auch auf einer „starken Verwendung der Mittel für den persönlichen Bedarf".[5]

Zur Behebung der „Geldnot" sollte nach einem Plan des Kaufmanns Dietrich Ernst Bühring aus dem Jahre 1767 eine „Generalhypothekenkasse" gegründet werden.

Der Plan wurde dann durch eine Kabinettsordre Friedrich des Großen vom 29. August 1769 zur Unterstützung des adligen Grundbesitzes in Angriff genommen.

Als erste wird 1770 die schlesische Landschaft gegründet. Sie war die erste Einrichtung des „organisierten Bodenkredits" mit der Aufgabe, fortlaufend und systematisch Mittel für Beleihungen zu sammeln.[6]

Weitere Landschaften wurden gegründet in der Mark Brandenburg 1777, in Pommern 1781, in Westpreußen 1787 usw. bis zum landschaftlichen Kreditverband für die Provinz Schleswig-Holstein 1882.[7]

„Die Landschaften waren genossenschaftliche Kreditverbände, (...), vom Staat errichtete Zwangskooperationen der Besitzer adeliger Güter. Sie waren ständische Selbsthilfe-Einrichtungen ohne Gewinnstreben", die selbst auch keine Güter ankaufen durften.[8]

---

[5]   ebenda, S. 284

[6]   vgl. Steffan, Franz: Bodenrecht und Bodenkredit in Vergangenheit und Gegenwart, in: Ders. (Hg.): Handbuch des Realkredits, Frankfurt/M. 1963, S. 274

[7]   vgl. Henning, a.a.O., S. 282 ff.

[8]   Steffan, Franz, a. a. O., S. 274

• Interessen des Adels prägen die Bewertung

• Bührings "Generalhypothekenkasse"

• ... als Ordre Friedrich des Großen

• 1770: Gründung der Schlesischen Landschaft

• Landschaften – genossenschaftliche Kreditverbände als ständische Selbsthilfe

Die Landschaften ermöglichten dem adeligen Grundbesitz, mittels der Herausgabe von frei kursierenden, amortisationsfähigen Pfandbriefen billigen Kredit zu erhalten.[9]

„Die Kreditgewährung vollzog sich dabei in der Form des Naturaldarlehens, d. h. durch Hergabe von Pfandbriefen an den Darlehensnehmer, der sich die benötigten Kreditmittel durch Veräußerung der Pfandbriefe beschaffen mußte."[10]

Die Pfandbriefe waren auf verschiedene Werte bis zur Untergrenze von 20 Talern ausgestellt und untereinander gleichberechtigt. Sie lauteten auf den Inhaber. Nach den Regeln der Landschaften und ihrer vom Staat kontrollierten Geschäftsführung konnte der Inhaber sicher sein, durch einen Pfandbrief ein rechtlich und wertmäßig einwandfreies Grundpfandrecht zu bekommen. Dem Gläubiger haftete zunächst der Schuldner und außerdem durch eine Generalvollmacht die Landschaft. „Die Haftung der Landschaft war intern durch die genossenschaftliche Ausfallgarantie aller ihr angeschlossenen Güter gedeckt."[11]

Die Landschaften bildeten hierfür einen Reservefonds in Höhe von 5 % der Ausstellungsbeträge, zusätzlich waren die Mitglieder der Landschaft bei evtl. Bedarf zum Nachschießen verpflichtet. Die Beleihungsgrenze betrug überwiegend 50 %, später auch teilweise 2/3 des Taxwertes.

In der o.a. Kabinettsordre von 1769 ist bereits ein Ansatz zur Unterbindung von Spekulationen („künstlicher Machenschaften") festzustellen, indem eine persönliche Haftung des Schätzers für die Taxation festgeschrieben wurde. Weiterhin wurde verlangt, daß gewisse Beleihungsgrundsätze aufzustellen seien, denn die Schätzungen sollten nicht „wie bisher willkürlich, sondern nach gewissen, in jedem Kreis besonders festzusetzenden Prinzipien gefertigt werden."[12]

Hier wird sichtbar, daß die Taxvorschriften der Hypotheken- und Konkursordnung von 1722 trotz der angeführten

---

9 vgl. Krzymowski, Richard: Geschichte der deutschen Landwirtschaft, Berlin 1961, S. 200

10 Letschert, Günther: Private Hypothekenbanken. In: Steffan: Handbuch des Real- und Kommunalkredits, Frankfurt/M. 1977, S. 501

11 Steffan, a. a. O., S. 275

12 Kabinettsordre vom 28.8.1769, zitiert nach: Landzettel, G.: Wertermittlung bei der wohnraumbezogenen Grundstücksbeleihung durch Sparkassen: Recht und Wirklichkeit, Langwegel 1979, S. 30

Beispiele offenbar nicht ausgereicht haben. Dies ist dadurch zu begründen, daß bei der Konkursordnung eine Bewertung erst im Fall der Insolvenz vorzunehmen war und nicht vor der Kreditgewährung. Nunmehr sollten aber die Taxprinzipien vor der Kreditvergabe angewandt werden und nicht nur den momentanen Marktwert, sondern einen durch die Dauerverschuldungsform bedingten Langzeitwert angeben.

Ein frühes als Ertragswertverfahren bezeichnetes Bewertungsprinzip wurde von der schlesischen Landschaft am 9. Juli 1770 in Form der „Generaltaxationsprinzipien" aufgestellt, die sich auf die vorherige „schlesische Grundsteuerkatastrierung" stützten.[13]

Für die schlesische Landschaft lagen insofern günstige Voraussetzungen vor, da hier zwischen 1721 und 1743 bereits ein Grundsteuerkataster eingerichtet worden war, um eine gleichmäßige Grundsteuerverteilung zu erreichen. Dieses schlesische Kataster enthielt die o.a. notwendigen Vorbedingungen für die Vergabe eines Kredites, indem es die Objektgrößen und Eigenschaften erfaßte und beschrieb. Die neuen Taxprinzipien beruhten auf dieser Grundsteuerkatastrierung, die bereits eine Art Ertragswertverfahren zugrundelegte. Es wurde zunächst die Differenz zwischen Aussaat und Ernte durch Wirtschaftsrechnungen und Zeugen ermittelt und nach Abzug des Eigenverbrauchs die Differenz „nach bestimmten Sätzen zu Geld angeschlagen."[14]

Hinzugerechnet wurde hier noch der durchschnittliche Ertrag aus Forstwirtschaft und sonstigen Rechten und Nebennutzungen, wie auch aus evtl. Bergbau etc. Bei diesen Additiven wurde aber lediglich eine sechsjährige Restnutzungszeit, unabhängig von der tatsächlichen Erwartung, angesetzt. Bei Fabriken wurde der reine Materialwert der vorhandenen Anlagen als Zeitwert veranschlagt.

Von diesem Bruttoertrag wurden dann die Bewirtschaftungskosten in Form von Löhnen, Handwerkerkosten, Gebäudeunterhaltung, Steuern, Versicherungen etc. sowie die sonstigen ausgabenwirksamen Kosten und Lasten in Abzug

---

[13] vgl. Meitzen, A.: Der Boden und die landwirthschaftlichen Verhältnisse des Preussischen Staates, Berlin 1871, S. 182

[14] ebenda, S. 182

• „Generaltaxationsprinzipien" von 1770

• Das schlesische Grundsteuerkataster mit ersten Ertragsansätzen

• 6-jährige Restnutzungsdauer

gebracht. Der sich sodann ergebende Nettoertrag wurde mit 5 % kapitalisiert.

Das vorhandene Wohnhaus wurde zusätzlich zuschlagmäßig erfaßt, für evtl. fehlendes und zur Erzielung des ermittelten Ertrages notwendiges Inventar ein Abschlag gemacht.

Dieses erste Ertragswertverfahren, das bereits durch die „revidierten Detaxationsprinzipien" vom 20. Februar 1775 ergänzt wurde, behielt für beinahe 100 Jahre seine Gültigkeit.

In den anderen Provinzen waren keine durchgängigen Kataster vorhanden, und so übernahmen die Landschaften dort die General- und Spezialtaxprinzipien vom 19. August 1777, die bei der Verpachtung von Gütern der Kriegs- und Domänenkammern zugrundegelegt wurden. Soweit die katastermäßigen Bezeichnungen fehlten, gingen letztere von Erfahrungswerten aus, die die Erträge schätzten und im Ergebnis kaum zu Abweichungen gelangten. Tatsächlich waren die Berechnungen der Domänenpachtanschläge geeignete Unterlagen, da sie von fachlich qualifizierten preußischen Beamten mit persönlicher Haftung aufgestellt wurden.

Die landschaftlichen Taxen wurden von sog. Taxkommissionen aufgestellt, die sich aus dem Landschaftssyndikus und 2 besonders qualifizierten Landwirten, die von den Kreisständen jährlich gewählt wurden und nicht über die Hälfte verschuldet sein sollten, zusammensetzten.[15]

Immerhin waren die Ergebnisse – vermutlich auch bezogen auf die möglichen Alternativen – so, daß durch die Prozeßordnung vom 14. April 1780 und durch die allg. Gerichtsordnung vom 6. Juli 1793 den Landschaften generell die gerichtliche Taxation aller adeligen Güter bei Zwangsversteigerungsverfahren etc. übertragen wurde. Trotzdem wiesen diese Verfahren die folgenden grundlegenden Mängel auf:

1. Der Taxwert entspricht nicht zwingend dem Marktwert, da er überwiegend auf Erträge abgestellt ist und alle anderen wertbildenden Faktoren nahezu unberücksichtigt läßt.

---

[15] vgl. ebenda, S. 188

2. Das Taxsystem führt im Ergebnis zu einer Überbewertung im Verhältnis zu den tatsächlichen Kaufpreisen, so daß re gelmäßig nur ein geringer Eigenkapitalsatz beim Kauf erforderlich wurde.
3. Jede Änderung der Nahrungsmittelpreise ändert sofort den Taxwert, bei steigenden Preisen kann sofort höher belie hen werden, bei sinkenden Preisen stellt sich unmittelbar eine Überschuldung ein.

1.2. Landwirtschaftliche Ertragswertentwicklung

Während das Sachwertverfahren noch kaum praktische Bedeutung hatte, entwickelte sich das Ertragswertverfahren, insbesondere unter dem Einfluß des zunehmenden Eigentumsübergangs von Grund und Boden in bäuerlichen Besitz, grundlegend weiter.

• Ertragswert an Eigentum gekoppelt

„In der streng ständisch gegliederten mittelalterlichen Gesellschaft war ein großer Teil des Bodens nicht freies Eigentum des Besitzers, sondern ihm aufgrund eines feudalrechtlichen Verhältnisses überlassen."[16]

Außer diesen Lehensgütern verfügte der Adel aber auch über freies Eigentum. Ab dem 14. Jahrhundert verlor das Lehenswesen zwar seine inhaltliche, nicht aber seine formalrechtliche Bedeutung, insbesondere blieb dem Adel und vielfach der Kirche das Lehensland erhalten. So gehörten „1760 (...) beispielsweise von 100 Höfen in Altbayern über die Hälfte der Kirche und den Klöstern, ein knappes Viertel dem Adel, etwa ein Fünftel dem Landesherrn und nur 4 bis 5 freien Bauern."[17]

• Bauern und Landarbeiter werden Eigentümer

Nach den Steinschen Reformen und der Bauernbefreiung, die regional und temporär unterschiedlich verlief, war es den bis dahin eigentumslosen Bauern bzw. Landarbeitern möglich, Eigentum an den von ihnen bewirtschafteten Höfen zu erwerben, wobei der Adel in einigen Gebieten zunächst in der Lage war, den Bauern das Besitzrecht zu entziehen und die Betriebe in Eigenwirtschaft zu übernehmen (Bauern legen). Das unbeschränkte Eigentum an den

---

[16] Steffan, a. a. O., S. 258 f.
[17] ebenda, S. 259

von ihnen bewirtschafteten Betrieben wurde den Bauern in Preußen indes erst nach den sog. Revolutionen von 1830 und 1848 zugestanden, wobei aber Entschädigungen an den Feudalherrn zu leisten waren.

Mit Ausnahme der Gebiete Preußens, in denen französisches Revolutionsrecht geherrscht hatte, bestanden die Entschädigungen in der Form von Landabgaben von 30–50 % der bewirtschafteten Flächen. Aufgrund des Geldbedarfs des Adels wurden diese aber letztlich größtenteils durch Geldzahlungen ersetzt.

Da die geldlichen Mittel für die Bauern nicht zu beschaffen waren[18], konnten die Landabgaben nach dem Reallastengesetz vom 2. März 1850 durch Geldrenten ersetzt werden. Hierzu wurden in allen Provinzen sog. Rentenbanken oder Ablösungskassen gegründet, welche den Bauern Darlehen gewährten, die allmählich zu tilgen waren und den Berechtigten mit Schuldverschreibungen, deren Fälligkeiten einer Geldrente entsprachen, abfanden.

Der Staat übernahm in diesem Fall eine Ausfallgarantie für die Rentenzahlungen. Die einheitliche Verzinsung der Rentenbriefe betrug 4 %, die Kredittilgung 1 % oder 0,5 %. Für die Bauern ergab sich hieraus eine wahlweise Rückzahlungsdauer von 56 1/12 Jahren oder 41 1/12 Jahren, wobei bei der längeren Laufzeit dem Schuldner 10 % erlassen wurden. Die Abfindung der Berechtigten erfolgte durch Überlassung der Rentenbriefe, die gleichfalls 4 %ig verzinst wurden.

Zunehmend öffneten sich den größeren Bauern auch einige Landschaften zur Kreditgewährung, sie konnten jetzt auch unbeschränkt Rittergüter erwerben (aber auch umgekehrt), nachdem noch im Preußischen Landrecht von 1794 zwischen bäuerlichem und adligem Grundbesitz unterschieden wurde und Bürgerliche zum Erwerb von Gütern Adeliger eine Genehmigung brauchten.[19]

Mit der Aufhebung des Lehensrechtes entstanden eine Vielzahl von Bewertungsproblemen der einzelnen Rechte,

---

18 Bäuerlicher Besitz war bis dahin nur sehr schwierig zu beleihen, ab 1816 war rechtlich ein Viertel, ab 1823 die Hälfte und ab 1843 der gesamte Besitz belastbar.

19 Ergänzend ist anzuführen, daß sich die Entwicklung in den außerpreußischen Ländern in annähernd der gleichen Weise vollzog.

die zu Kritik an den landschaftlichen Taxationsverfahren führten. Diese bezog sich auf die Manipulationsmöglichkeiten bei der Bewertung von Patronats- und ähnlichen Rechten, das komplizierte Verfahren an sich sowie auf die schon erwähnte Taxwert/Marktpreis–Differenz.

1.2.1 Die Thaersche Bodenbonität

Im Zuge dieser Auseinandersetzungen entwickelte Albrecht Thaer seine zu großer Bedeutung gelangten Bodenbonitierungsgrundlagen.

Thaer wollte ein möglichst einfach zu handhabendes Bewertungsverfahren schaffen. Hierzu nahm er eine erste Bodenklassifizierung vor, die sich am Ertrag je Flächeneinheit orientierte. Enthalten war hierin eine Marktkomponente, da entsprechend der Verkehrsstruktur die landwirtschaftlichen Produkte an verschiedenen Orten verschiedene Preise hatten. Durch die Einführung der Bodenbonitierung gilt Thaer als Begründer der „landwirtschaftlichen Veranschlagungslehre", die das Ertragswertverfahren nachhaltig veränderte.

Aufbauend auf dem Thaerschen Verfahren entwickelte Theodor Frh. v. d. Goltz die „landwirtschaftliche Taxationslehre", die sich in kurzer Zeit allgemein durchsetzte. Sein Buch erschien in drei Auflagen und kann als klassisches landwirtschaftliches Ertragswertlehrbuch bezeichnet werden.

Nach dem Goltzschen Verfahren sollte sich der Taxator zunächst einen Überblick über die Örtlichkeiten verschaffen und sodann eine Objektbeschreibung vornehmen.

Der Bewertungsvorgang selbst wird hier nach Punkten gegliedert nachvollzogen:

1. Bonitierung der vorhandenen Flächen des Objektes nach einem speziell hierfür aufzustellenden Klassifikations system, das sowohl die *Bodenmerkmale* als auch die durch schnittlichen *Erträge* der wichtigsten Anbausorten, wie Weizen, Gerste, Rotklee etc., enthält.

2. Wahl eines zweckmäßigen (optimalen) Bewirtschaftungs systems mit Aufstellung eines Wirtschaftsplanes, in dem nicht nur die Fruchtfolge, sondern auch die

zweckmäßigsten Vieharten nach Art, Menge und Haltungssystem etc. aufgeführt werden sollen.

3. Die Summe aller Erträge, die Roherträge, werden ermittelt. Die durch die Bonitierung geschätzten Erträge dienen nur als Unterlage, so daß es der Kompetenz des Taxators überlassen bleibt, einen Rohertrag zu ermitteln.

4. Der Eigenbedarf an Roherträgen, wie Zuchtviehfutter etc., wird ermittelt.

5. Der um den Eigenbedarf reduzierte Rohertrag – die verkäuflichen Erzeugnisse – werden zum durchschnittlichen Marktpreis der letzten 20 Jahre geldlich in Ansatz gebracht.

6. Es findet eine weitere Betriebsanalyse statt. Hierbei wird der Bedarf an Arbeitskräften und totem Inventar ermittelt und die Gebäude auf ihre Brauchbarkeit hinsichtlich der *geplanten* wirtschaftlichen Nutzung untersucht. Der evtl. erforderliche Aufwand für Umbaukosten etc. wird veranschlagt. Dazu wird der erforderliche Bedarf an liquiden Mitteln geschätzt.

Hiernach wird dann der „bare Wirtschaftsaufwand" festgestellt:

7. Die Kosten für Verwaltungs- und Arbeitspersonal werden festgestellt. Dabei werden bei der Verwaltung Normalsätze in Anschlag gebracht und die Arbeiter nach ortsüblichen Löhnen veranschlagt.

8. Die Kosten, die für die Zugpferdhaltung, die Stallbeleuchtung, den Hufschlag etc. entstehen, werden pauschaliert. Dazu wird eine „Abnutzung" der Pferde mit 10 bis 12 % des „Pferdekapitals" ermittelt.

9. Das gleiche Verfahren beim übrigen Nutzvieh.

10. Für die Instandhaltung des toten Kapitals wird ein Satz von 16–20 %, i. d. R. 18 %, in Ansatz gebracht.

11. Die Gebäudeunterhaltung wird als Prozentsatz des Gebäudekapitals (des Sachwertes) geschätzt.

12. Betriebsausgaben für Dünger, Versicherungen etc. werden nach dem Wirtschaftsplan veranschlagt.

13. Von den erforderlichen liquiden Mitteln wird ein Zinssatz von 7 bis 9 % in Ansatz gebracht.

14. Für unvorhergesehene Fälle werden 2 bis 3 % der Summe der liquiden Mittel veranschlagt.

15. Der Ertragswert des Objektes ergibt sich durch Kapitalisierung der Differenz von Rohertrag und Kosten mit dem „landläufigen Zinsfuß".

Wie sich aus dieser Beschreibung ergibt, beruht das Verfahren auf einer eingehenden Rohertrags- und „Wirtschaftskostenveranschlagung".

Wegen der Bedeutung, die von der Goltz' Verfahren erlangte, findet es auch entsprechend viele Kritiker, wobei die präziseste Auseinandersetzung damit bei Aereboe erfolgt.[20] Dieser kritisiert sowohl die theoretischen Grundlagen dieses Verfahrens als auch die praktische Durchführbarkeit.

Die mangelnde praktische Durchführbarkeit begründet er damit, daß der Taxator hier ein großes Maß an Spezialkenntnissen über das Taxobjekt besitzen soll und daß das Verfahren darüber hinaus noch sehr umständlich ist. Weiterhin ist es problematisch, in einer vertretbaren Zeit die erforderlichen Grundlagen sorgfältig zu ermitteln und Angaben gegebenenfalls zu überprüfen.

„In erster Linie ist schon die geforderte Schätzung der Roherträge der Taxobjekte innerhalb praktisch brauchbarer Grenzen unausführbar. (...) Wer will (...) behaupten, daß das Roggenland (...) im Durchschnitt gerade 8 und nicht 7 oder 9 Zentner Roggen je Morgen liefert oder daß die Kartoffelschläge (...) im Durchschnitt der Jahre alle 85 Zentner Kartoffeln und nicht etwa 80 oder 90 Zentner abwerfen? (...) Ein Zentner mehr oder weniger je Morgen geschätzt, macht (...) etwa 8 Mark aus (...) Unter Zugrundelegung eines vierprozentigen Zinsfußes entspricht das bereits einem Unterschied beim Kapitalwerte von 200 Mark je Morgen, und zwar bei einem Boden, der vielleicht im ganzen nicht mehr wert ist."[21]

Weiterhin ist die Berechnung der Inventarkosten für eine geplante wirtschaftliche Nutzung sehr problematisch, zumal es denkbar wäre, daß verschiedene Taxatoren auch verschieden geeignete Bewirtschaftungsweisen vorsehen könnten. Berücksichtigt man das Verhältnis Düngemittelein-

---

[20] vgl. Aereboe, F.: Die Beurteilung von Landgütern und Grundstücken, Berlin 1924, S. 241-262

[21] ebenda, S. 245 f.

satz/Roherträge, kann dies auch zu stark abweichenden Ergebnissen führen.

Der Bedarf an umlaufendem Kapital wird als Prozentsatz des Betriebskapitals angesetzt. Je mehr Betriebskapital also vorhanden ist, desto größer soll auch der Bedarf an liquiden Mitteln sein. Nach Aereboe ist genau das Gegenteil der Fall.

In seinen weiteren Ausführungen behauptet Aereboe, daß das Ertragsverfahren lediglich zur Begründung herangezogen wurde, um aus der Marktlage bekannte und geschätzte Kaufpreise zu legitimieren. „Ohne Vorstellung über die allgemeine Lage auf dem Landgütermarkte sind noch niemals vernünftige Gutstaxen zustande gekommen.“[22]

Aus der Konsequenz seiner Kritik empfiehlt er die sog. „Kapitaltaxe“, die zwischen Bodenwert und sonstigen Werten unterscheidet. „Feststellung des Wertes des nackten Grund und Bodens, wie er aus den ganzen volkswirtschaftlichen Verhältnissen herausgewachsen ist, und Taxierung der vorhandenen Inventarbestände, einschließlich Feldinventar und Kulturzustand des Bodens, kann (...) allein der bei der Taxation von Landgütern zulässige Weg sein.“[23]

Er geht davon aus, daß Boden erst einen Wert hat, wenn Arbeit und Kapital eingesetzt werden, der Wert sich danach aus der Aufwandsverzinsung ermittelt. „Die Preise dieses nackten Bodens ohne Feldinventar waren der Niederschlag des kapitalisierten Zinsenüberschusses.“[24]

Zusammenfassend unterscheidet sich Aereboe somit von v. d. Goltz dadurch, daß er statt vom Ertragswert vom Kapitalwert auf den Verkehrswert schließt. „Nicht Kapitaltaxen sind aus Ertragstaxen abgeleitet, sondern alle aufgestellten Ertragstaxen sind aus Kapitaltaxen abgeleitet.“[25]

1.2.2 Die Neuregelung der Grundsteuer

Nach Thaers und v. d. Goltz' dargestellten Verfahren der frühen Landschaften ist die Neuregelung der Grundsteuer

• Aereboe fordert Trennung von Bodenwert und sonstiger Werte

• Kapitalwert erzeugt Verkehrswert

---

[22] ebenda, S. 253
[23] ebenda, S. 259
[24] ebenda, S. 259
[25] ebenda, S. 260

von 1861 bis 1865 als weiterer bedeutender Veränderungsimpuls für die Ertragswertermittlung in Preußen anzusehen.

Nach dem Gesetz vom 21. Mai 1861, das am 1. Januar 1865 in Kraft treten sollte, wurde die Grundsteuer neu geregelt, um ein bis dahin uneinheitliches Steuersystem mit ganz verschiedenen Rechtsgrundlagen zu vereinheitlichen.

Sie gliederte sich fortan in die Gebäudesteuer und in die eigentliche Grundsteuer, die von den ertragsfähigen Grundstücken nach gleichmäßiger Umlage des aufzubringenden Betrages zu entrichten war.

Der Zweck des Verfahrens war die Ermittlung des Reinertrages steuerpflichtigen Grundeigentums. Dabei wurde der nach Abzug der Bewirtschaftungskosten vom Rohertrag verbliebene Überschuß, welcher von den nutzbaren Liegenschaften nachhaltig erzielt werden kann, als Reinertrag definiert.[26]

Nach § 4 der o. a. Anweisung erfolgt die Feststellung des Reinertrages nach Kulturarten und Bonitätsklassen. Bei Kulturarten war zwischen Eiland, Gärten, Wiesen, Wasser etc. zu unterscheiden. Die Bonitierung erfolgte nach einem Klassifikationstarif, der für jeden Kreis aufgestellt wurde und wobei höchstens acht Bonitätsklassen gebildet werden durften. „Für jede Klasse einer jeden Kulturart ist der Reinertrag für den Morgen in Geld festzustellen und in den Klassifikationstarif einzutragen. Der im Gelde festgestellte Reinertrag für den Morgen der einzelnen Klassen und Kulturarten bildet den Tarifsatz der betreffenden Bonitätsklasse. Nach Anwendung der Tarifsätze auf die gesamten Flächen der grundsteuerpflichtigen Grundstücke, welche innerhalb derselben Kreise (...) zu den verschiedenen Bonitätsklassen der einzelnen Kulturarten eingeschätzt werden, ergibt sich der Reinertrag der sämtlichen grundsteuerpflichtigen Liegenschaften des Kreises. Der Reinertrag aller derselben Provinz angehörigen Kreise zusammengenommen, ergibt den Behuf der Feststellung der Grundsteuerhauptsummen für die Provinz zugrunde zulegenden Reinertrag.“[27]

---

[26] vgl. Anweisung für das Verfahren bei der Ermittlung des Reinertrages der Liegenschaften, in: Gesetz betreffend die anderweitige Regelung der Grundsteuer vom 21. Mai 1861, amtl. Ausgabe, Berlin 1861, § 3, S. 9

[27] ebenda, § 7 und 8, S. 11

Die Reinerträge für die einzelnen Kreise wurden aufgrund von Mustergrundstücken der einzelnen Bonitätsklassen ermittelt. Hierbei wurde der Reinertrag dieser Musterflächen bei durchschnittlicher Bewirtschaftungsweise danach ermittelt, welche Preise für die landwirtschaftlichen Erzeugnisse an einem bestimmten Tag (Martini) im Durchschnitt der letzten ca. 20 Jahre zu erzielen waren.

Neu ist, daß hier nicht mehr eine bestimmte wirtschaftliche Einheit, ein Gut etc., zugrundegelegt wird, sondern anhand kreis-typischer Musterflächen eine kreiseinheitliche Ertragsschätzung vorgenommen wurde.

Der Realitätsbezug war durch die Teilnahme vieler der ansässigen Gutsbesitzer gegeben, wobei durch die Staatsaufsicht gleichzeitig eine gewisse Objektivität gewährleistet war und man insgesamt von einer gleichmäßigen und gerechten Einschätzung sprechen kann.

Voraussetzung für dieses Steuersystem war gleichzeitig eine genaue katastermäßige Erfassung sämtlicher Flächen. Somit mußte gleichzeitig eine Katastrierung vorgenommen werden, die in weiten Landesteilen noch nicht bestand. Auch diese Erfassung wurde präzise durchgeführt, so daß das preußische Kataster als führend in seiner Zeit galt.

1.2.3 Beleihung nach dem Grundsteuerreinertrag

Die Grundsteuerveranlagung bot zukünftig die Möglichkeit der Beleihung ohne langwierige Bewertungen, da die Wertverhältnisse nun bekannt waren und die katastermäßigen Voraussetzungen zur Kreditabsicherung vorlagen.

So war es möglich, Hypotheken ohne jede Objektbesichtigung z. B. bis zum 15-fachen des Grundsteuerreinertrages von inzwischen neu entstandenen Kreditinstituten zu erhalten. „Die große Zahl der Beleihung, welche die Landschaften nach dem Grundsteuerreinertrage ausgeführt haben, ist an sich schon ein Beweis dafür, welch hohe praktische Bedeutung der Grundsteuereinschätzung für die Entwicklung des landschaftlichen Kreditwesens zugesprochen werden muß, und das fast völlige Fehlen von Verlusten bei solchen Beleihungen zeigt zugleich, wie sicher man schon bei der genannten Handhabung einem begrenzten Kreditbedürfnis auf diesem Wege abzuhelfen imstande war."[28]

Die Grundsteuer-Reinertragstaxe sah einen Gebäudesteuer- Nutzungswert für die Wohngebäude vor, der nach der Gebäudesteuer veranlagt wurde. Für die Wohngebäude waren generell zusätzliche Beleihungsmöglichkeiten auf der Sachwertgrundlage, nämlich der Feuerversicherungstaxe, gegeben. Ohne weitere Nachprüfung wurden in der Regel 25 %, nach örtlichen Besichtigungen meistens bis zu 50 % des Feuerkassenwertes von den Landschaften kreditiert.

1.3 Die Bewertung städtischen Grundbesitzes

Während um 1800 erst durchschnittlich 10 % der Bevölkerung in Städten wohnte, zeigten die Städte im 19. Jahrhundert eine rapide Bevölkerungszunahme. So erhöhte sich z.B. die Einwohnerzahl von Köln von rd. 50 000 im Jahr 1800 auf rd. 130 000 im Jahre 1880.[29] Entsprechend rege entwickelte sich das Baugewerbe und der diesbezügliche Finanzierungsbedarf.

1.3.1 Grundstücksbeleihungen

Zur Beleihung Städtischen Grundbesitzes waren nicht die Landschaften heranzuziehen, sondern neu gegründete Hypothekenbanken. Waren die ersten Hypothekenbanken zunächst auf die Beleihung des ländlichen Grundbesitzes ausgerichtet, änderte sich dies schnell in der sog. Gründerzeit. Diese nahmen Beleihungen vor auf der Grundlage der Normativbestimmungen von 1863. Diese Normativbestimmungen sahen eine Beleihung der Pfandobjekte von 50 % des Taxwertes vor (67 % ab 1867), wobei der Taxwert auf dem amtlich ermittelten Grundsteuerreinertrag bzw. Gebäudesteuernutzungswert beruhte. Nur zwei Institute konnten

---

[28] Aereboe, a. a. O, S. 266. Tatsächlich führte aber auch die Ablösung der Dreifel-der-Wirtschaft durch die durch den Einsatz von Kunstdünger ermöglichte Fruchtfolgewirtschaft zu erheblichen Verschiebungen der Erträge, da diese auf den vormals schlechteren Böden überproportional gesteigert werden konnten.

[29] 1975 überschritt die Einwohnerzahl kurzfristig die Millionengrenze.

nach eigenen Taxgrundsätzen verfahren. Das waren die Frankfurter-Hypotheken-Bank (gegründet 1862) und die Preußische-Zentralboden-Kreditanstalt (gegründet 1870), die damit konkurrenzlos waren.[30]

Die Bindung an die Grundsteuer-Reinertragstaxen wurde 1893 aufgehoben, wobei die neuen Normativbestimmungen am Vorbild der Preußischen-Zentral-Bodenkreditanstalt orientiert waren. Gleichzeitig wurde der Amortisationszwang für städtische Hypotheken wesentlich eingeschränkt.

Entscheidend für die weitere Entwicklung wurde das Reichs-Hypothekenbank-Gesetz vom 13. Juli 1899, das die Ertragstaxe durch eine Werttaxe ersetzte und eine 60 %ige Beleihungsgrenze festsetzte.[31] Als Problem stellte sich heraus, daß das Verfahren, nach dem die Werttaxe aufzustellen war, nicht mehr vorgeschrieben, sondern in das Ermessen jedes einzelnen Instituts gestellt wurde, obwohl die Richtlinien vom Aufsichtsamt zu genehmigen waren. Die Einheitlichkeit der Verfahren wurde somit aufgehoben.[32]

Den Hypotheken-Banken erwuchs in dieser Zeit eine erhebliche Konkurrenz durch die Versicherungsgesellschaften, die einen bemerkenswerten Aufschwung zu verzeichnen hatten und gleichfalls auf den Kreditmarkt drängten. So gewährten die 90 unter Reichsaufsicht stehenden Lebensversicherungsgesellschaften z. B. 1905 insgesamt 3.316 Darlehen zu rd. 340 Millionen Mark, wovon rd. 210 Millionen Mark auf Groß-Berlin entfielen. Durch die 4 %ige Verzinsung der Pfandbriefe, die für die Anleger mangels besserer Alternativen immer attraktiver wurden, stieg zudem bei den Hypotheken-Banken der Pfandbriefabsatz, so daß diese zu-

---

[30] Zunächst unterlagen sie aber der Konkurrenz der außerpreußischen Hypothekenbanken, insbesondere mit der Bayerischen Hypotheken- und Wechsel-Bank, die das Recht der Mündelsicherheit der Pfandbriefe besaß.
Die Frankfurter Hypotheken-Bank AG und das zwischenzeitlich in Deutsche Zentralboden-Kreditanstalt AG umbenannte Institut sind in der angeführten Reihenfolge heute die mit Abstand größten Institute dieser Art in der Bundesrepublik.

[31] Sparkassen 50 %

[32] vgl. Carthaus, Vilma: Zur Geschichte und Theorie der Grundstückskrisen in dt. Großstädten mit besonderer Berücksichtigung von Groß-Berlin, Jena 1917, S. 13 und Reichs-Gesetzblatt Berlin 1899 Nr. 32 des Hypothekenbangesetzes vom 13. Juli 1899, §§ 11 und 13, S. 378 ff.

nehmend Mühe hatten, geeignete Deckungshypotheken zu beschaffen.

Insgesamt entwickelte sich aus den genannten Gründen eine so starke Konkurrenzsituation, daß in der Folge nicht nur die Zinsen zurückgingen und Gebühren und Provisionen jeder Art entfielen, sondern daß auch zunehmend nicht amortisable Darlehen gewährt wurden.[33]

Die gravierendste Folge war allerdings, daß die Geldgeber den Schuldnern bei der Darlehenshöhe entgegenkamen. Das Mittel dazu waren überhöhte Taxen. Es bürgerte sich zunehmend ein, Taxen danach aufzustellen, für wen sie bestimmt waren.[34]

1.3.2 Die Berliner Entwicklung

Wesentlich wurde das Geschehen von der Berliner Entwicklung mit geprägt, so daß diese hier gesondert dargestellt wird. Die Bevölkerungszunahme führte in Berlin dazu, daß man bereits 1860 von einer „Wohnungsnot" sprach. Die günstigen wirtschaftlichen, technischen und politischen Umstände führten 1871/72 zur „Gründerzeit" und einem enormen Anstieg der Spekulation.

Durch die allgemein proklamierte „Wohnungsnot" beschäftigten sich die „Gründer" auch mit der Wohnungsproduktion, und es wurden in kurzer Zeit allein in Berlin über 60 Bauaktiengesellschaften gegründet.[35]

Diese Gesellschaften kauften im städtischen Umkreis das Land auf, machten es baureif und verkauften es baustellenweise zu hohen Preisen an andere Unternehmer weiter. Dabei waren sie aber vor allem bestrebt, die Aktien dieser neu gegründeten Firmen zu möglichst hohen Kursen im breiten „Publikum' unterzubringen"[36], d. h. zu veräußern.

---

[33] vgl. Carthaus, a. a. O., S. 32 f.

[34] Für Sparkassen, die gesetzlich nur 50% des Wertes beleihen durften, wurden Taxen aufgestellt, die von vorneherein 20% höher ausfielen, so daß sie mit der 60%igen Beleihungsgrenze der Hypotheken-Banken konkurrieren konnten. Wurden diese Taxen – auf denen nicht vermerkt war, für wen sie bestimmt waren – dann Hypothekenbanken vorgelegt, wurde das Objekt u. U. mit 60% des überhöhten Taxwertes beliehen.

[35] vgl. Carthaus, a. a. O., S. 18 ff. Carstenn, Quistrop und Mamroth waren die bekanntesten Spekulanten dieser Zeit.

[36] Carthaus, a. a. O., S. 19

Nach einer ersten Krise, die durch die Deckung des Bedarfs hervorgerufen wurde und die letztmalig zu den normalen, marktüblichen Konsequenzen, einem Sinken der Miet- und Grundstückspreise und damit der Rentabilität etc. führte, setzte nach zehnjähriger Stagnation Mitte der achtziger Jahre wieder zunehmend eine Belebung der Bautätigkeit ein, die durch die Bevölkerungszunahme bedingt war.

Nach einem längeren Aufschwung kam es um 1895 zu einer weiteren, aber leichteren Krise, die durch steigende Zinsen und erneute Überkapazität an Wohnungen hervorgerufen wurde. Nach kurzer Unterbrechung setzte sich der Aufschwung verstärkt fort und ging nach einer kurzen Unterbrechung um die Jahrhundertwende, die durch den Zusammenbruch einiger Hypotheken-Banken und höhere Geldmarktzinsen bedingt war, in eine Phase der Hochkonjunktur über, die bis 1906 andauerte. Hiernach schwächte sich der Markt ab, und ab 1911 bis zum Krieg kann von einer Depression gesprochen werden.

Es waren überwiegend große Terrain-Gesellschaften am Werk, die große Flächen unbebauten Bodens aufkauften und der Bebauung zuführen wollten. Man kann sagen, daß der gesamte Grund und Boden rund um Berlin in das Eigentum dieser Gesellschaften überging. Hiervon sollten rund 690 ha der Bebauung mit Mietskasernen zugeführt werden[37]. Dazu wurden Erschließungsmaßnahmen durchgeführt und die einzelnen Grundstücke parzellenweise an Bauunternehmer veräußert.

Die Wohnungsnachfrage war ab 1903 tatsächlich etwa gesättigt, während die Konjunktur noch ihrem Höhepunkt zusteuerte. Die Folge war zunehmender Wohnungsleerstand. Trotzdem führte dies nicht zu sinkenden Mieten, diese stiegen im Gegenteil weiter an, wie die nachfolgende Tabelle 1 zeigt.[38]

Zunächst fanden die Hauskäufer, die für ihren Besitz meist nur geringe Anzahlungen leisteten, bei steigenden Mieten und gleichzeitig niedriger Belastung durch die Hypo-

---

[37] vgl. ebenda, S. 40
[38] Reich, E.; Wohnungsmarkt in Berlin, S. 128, Tabelle V., zit. nach Carthaus, a. a. O., S. 63 * Diese Angabe wurde ergänzt

Tabelle 1

Jahr	Zunahme des Nutzertrages der benutzten Wohnungen in%	Mietsbelastung pro Kopf der Bevölkerung jährl/M*	Leerstehende Wohnungen und Gelasse pro mille der vorhandenen
1900	5,14	1,89	14
1901	2,82	1,96	10
1902	2,88	2,00	12
1903	4,36	2,04	15
1904	2,50	2,08	17
1905	4,05	2,08	21
1906	4,14	2,11	26

thekenzinsen eine gute Verzinsung ihrer geringen Investitionen.[39]

Bei dem zunehmend gesättigten Markt waren die Neubauten zunächst attraktiver als die Altbauten und somit auch besser vermietbar, aber nur zu Lasten des Altbaubestandes. Bei Neubauten sind zudem vielfach Scheinverträge abgeschlossen worden, die hohe Mieten aufwiesen, während die tatsächlichen Mieten geringer waren.

„In dem Geschäftsbericht des Kaiserlichen Aufsichtsamtes für Privatversicherungen für 1906 wird diese Praxis genau dargelegt: ‚in Berlin hat die Unsitte, daß die Mietverträge den Grundstücksertrag höher erscheinen lassen als der Wirklichkeit entspricht, in den letzten Jahren immer weiter um sich gegriffen.' "[40]

Die Manipulationen, hohe Erträge vorzuspiegeln, hatten das Ziel, den Ertragswert hoch erscheinen zu lassen, um das Objekt beleihungsfähig zu halten. Dies war vor allem notwendig bei den hier gebräuchlichen Reinertragstaxen und der 1906 beginnenden Marktabschwächung.

Das einfache Ertragswertverfahren sah vor, daß die jährlichen Mieterträge, reduziert um die Bewirtschaftungs- und

---

[39] Die Anzahlung betrug in der Regel etwa 10% des Kaufpreises. Nach einer Berechnung des Grundstücksexperten Georg Haberland betrug die durchschnittliche Verzinsung des Eigenkapitals zu Hochkonjunkturzeiten etwa 13%.

[40] Carthaus, a. a. O., S. 86

Tabelle 2. Von 100 Verkäufen in Groß-Berlin

erreichten die Verkaufspreise von 100 der Taxen	v. d. eigentlichen bis zu 60% der Taxe gewährten Hypotheken lagen also tatsächlich	1910	1911	1912	1913
über 100%	unter 60%	17,1	11,8	14,9	5,6
zw. 90 –100%	zw. 60– 67%	17,4	15,1	17,0	14,1
zw. 80 – 90%	zw. 67– 75%	42,7	43,3	37,8	44,4
zw. 70 – 80%	zw. 75– 87%	19,4	24,4	25,7	30,3
zw. 60 – 70%	zw. 85–100%	3,1	5,1	3,3	4,9
unter 60%	über 100%	0,3	0,3	1,3	0,7

Regiekosten, mit 5 % kapitalisiert wurden, wobei auf jede Abschreibung verzichtet wurde. Eine Aufteilung in Bauwert und Bodenwert wurde gleichfalls nicht vorgenommen.[41]

In einer Situation, in der Grundstücke fast ausschließlich mit Fremdkapital erworben wurden, führten gleichbleibende oder sich verringernde Erträge ab 1911 bei steigenden Kapitalmarktzinsen zu einer katastrophalen Lage. Das Geschäft mit den steigenden Werten ging nicht mehr auf. Terrain- Gesellschaften, Zwischenhändler, Baufirmen und ihre Lieferanten fanden zunehmend weniger kapitalkräftige Abnehmer für die Objekte, so daß auch ihre Liquidität ständig abnahm.

In der Folgezeit kamen in einigen Gegenden ganze Straßenzüge unter den Hammer.[42] Das zunehmende Mißverhältnis zwischen Taxwert und tatsächlich erzielten Verkaufspreisen zeigt die nachfolgende Tabelle 2.[43]

Zu niedrig taxiert waren also in den Jahren

1910	17,1 % der Verkäufe
1911	11,8 % der Verkäufe
1912	14,9 % der Verkäufe
1913	5,6 % der Verkäufe

---

[41] vgl. Ross, F. W.: Leitfaden für die Ermittlung des Bauwertes von Gebäuden, Hannover o. D. (ca. 1928), S. 65

[42] Am 6. März 1912 wurden z. B. beim Amtsgericht Neukölln in einer Stunde 56 Grundstücke zwangsversteigert. Vgl. Carthaus, a. a. O., S. 139

[43] ebenda, S. 142

bei allen anderen Verkäufen wurde die Taxe nicht erreicht.

Bei 100 Verkäufen überschritten die ersten Hypotheken tatsächlich 75–100 % der Taxe im Jahre

1910	in 22,8 Fällen
1911	in 29,8 Fällen
1912	in 30,3 Fällen
1913	in 35,9 Fällen

Verlierer waren einerseits die Aktionäre der Gesellschaften, deren Kurse fielen, sowie die Banken, die Baugelder und zweite Hypotheken gewährt hatten, sowie die Baufirmen und Lieferanten, die oft mit Forderungsabtretungen, Mietzessionen und ähnlichen dubiosen Mitteln bezahlt wurden und bei Zwangsversteigerungen mit ihren Forderungen meist völlig ausfielen. Die Folge dieser Entwicklung war, daß Baufirmen und Lieferanten reihenweise Konkurs anmelden mußten.

Die Hypothekenbanken, die erststellige Hypotheken vergeben hatten, verschlechterten nach 1906 zunehmend die Konditionen erheblich. „Die Darlehnsgeber suchen nämlich einerseits durch erhöhte Zinsbedingungen die Vergrößerung des Risikos auszugleichen, andererseits die Höhe der Beleihung mit dem gesunkenen Ertragswerte in Einklang zu bringen durch Korrektur der ehemals hochgetriebenen Beleihungswerte."[44]

Wurde in dieser kritischen Zeit eine Hypothek fällig, was in der Regel nach fünf Jahren der Fall war, verlängerten die Hypothekenbanken diese nur bei Zuzahlung eines erheblichen Betrages, der oft sogar die Höhe der ursprünglich geleisteten Anzahlung auf das Objekt übertraf. Hiermit trugen sie einerseits den sinkenden Erträgen Rechnung, andererseits paßten sie so die Beleihungshöhe den tatsächlichen Werten an.[45]

Viele Bürger hatten als Altersversorgung ein Mietshaus anbezahlt und kamen nun in Schwierigkeiten. Um diesen zu helfen – Baugelder und zweite Hypotheken waren nur noch zu Wucherkonditionen zu beschaffen – wurden nach 1911

---

[44] ebenda, S. 194
[45] vgl. ebenda

kommunale Einrichtungen gegründet, die vor allem nicht-kündbare Hypotheken vergaben, die aber getilgt werden mußten. Für die Beleihung setzten sich aber folgende Erkenntnisse allgemein durch:

1. Hypotheken dürfen nicht willkürlich kündbar sein und
2. Hypotheken müssen als Tilgungsdarlehen vergeben werden, also auf dem Amortisationsprinzip beruhen.
3. Beleihungsgutachten müssen marktgerecht sein und nicht Instrument der Geldvermarktung.

Weiterhin nahm der Glaube an das Sachwertverfahren zu, da das Ertragswertverfahren offensichtlich manipulierbar war und der Sachwert nach Meinung der Betroffenen die tatsächlichen Herstellungskosten angab.

1.3.3 Das Mittelwertverfahren

Eine Folge der Verhältnisse war die Zuflucht zu einer Mischform, dem „Mittelwertverfahren", das noch heute von den Hypotheken-Banken vielfach angewandt wird.[46] Dieses Verfahren, auch bekannt unter dem Namen „Berliner Methode", sieht die Bildung des Beleihungswertes aus der Hälfte der Summe von Ertragswert und Sachwert vor. Der Sachwert wurde hier aus dem Bauwert der Gebäude einschließlich Zubehör, zuzüglich der Grundstückswerte, ermittelt. Der Ertragswert wurde, wie dargestellt, ohne Berücksichtigung des Bodenwertes ermittelt, wobei eine 5 %ige Kapitalisierung der Nettoerträge oder der Grundsteuerreinerträge vorgenommen wurde. Dabei wurde der Reinertrag als Jahresbetrag einer ewigen Rente angesehen, so daß sich bei Gebäuden mit gleichen Reinerträgen, aber unterschiedlicher Restlebensdauer trotzdem gleiche Werte ergaben. Der Gegenstandswert (Barwert) des Grundstückes wurde dementsprechend aus dem Reinertrag wie folgt ermittelt:

---

[46] Sogar in der neueren Literatur wird bei der Verkehrswertermittlung noch auf das Mittelwertverfahren verwiesen. Vgl. hierzu Jastram, C.-G.: Rationelle Baubewertung, Hannover-Kirchrode 1972

$$Gw = r \times \frac{100}{p}$$

Dabei sind:
Gw = Grundstückswert
r = jährlicher Reinertrag
p = Zinssatz

Das Mittelwertverfahren diente zunächst nicht nur als Grundlage für die Beleihung bei einigen Hypotheken-Banken, sondern auch als Kontrollwert für solche Investoren, die in dieser Zeit in Berlin investierten und ihr Risiko mindern wollten. Es handelte sich um eine Art Mischinvestition, bei der einerseits in Ertragsobjekte wie Gewerbebauten und Mietshäuser investiert wurde, die eine durchschnittlich hohe Verzinsung erbringen sollten, und andererseits in Landhäuser und Villen in guten Gegenden, die den Kaufpreis zwar zunächst niedrig verzinsten, aber dafür hohe Wertsteigerungsmöglichkeiten beinhalteten und auf jeden Fall einen sicheren Substanzwert darstellten.

Diese vor allem auch von Brückner[47] vertretene Ansicht ist jedoch umstritten, zumal Ross,[48] der dieses Verfahren mitentwickelt haben soll, es für die Ermittlung des Durchschnittswertes nur eines bestimmten bebauten Grundstückes anwandte. Auch finden sich bei Carthaus[49] Hinweise dafür, daß die Hypotheken-Banken den Feuerversicherungswert, der auf dem Sachwert beruht, bei der Beleihung berücksichtigten.

1.4 Die Zwischenkriegsentwicklung

Mit Ausnahme der Abschreibungseinführung leisteten die bis zum zweiten Weltkrieg erlassenen Gesetze und Verordnungen der Zwischenkriegszeit keinen Beitrag zur weiteren Entwicklung der Bewertungsverfahren. Bei diesen soll auf

---

[47] vgl. Brückner, O., unveröffentlichte Lehrgangsunterlagen zu: A B C der Wertermittlung, Gesellschaft des Bauwesens, GdB, Frankfurt/M. 1982

[48] vgl. Ross, a. a. O., S. 65

[49] vgl. Carthaus, a. a. O., S. 179 f.

das Reichsbewertungsgesetz von 1925, das vor allem der gleichmäßigen Veranlagung zur Vermögensteuer diente, sowie auf die Beleihungsgrundsätze für Sparkassen aus dem Jahre 1928 und deren Fortschreibung im Jahre 1937 hingewiesen werden.

Zuvor, in der Übergangszeit des 1. Weltkrieges, wurde vor allem die Problematik der Beleihungshöhen und die Unabhängigkeit der Gutachter diskutiert.

Zurückgehend auf ein Rundschreiben zum Taxwesen aus dem Jahre 1904 des Preußischen Ministers für Landwirtschaft, der auch die Aufsicht über die Hypotheken-Banken führte, begann eine Diskussion über die Bestellung von Taxatoren mit *amtlichem Charakter.* Diese Diskussion verstärkte sich erneut, als die Folgen überhöhter Beleihungen 1912 immer deutlicher wurden. Dies führte letztendlich zu dem 1918 verabschiedeten Schätzungsamtsgesetz, das 1923 in einigen Städten in Kraft trat.

Es sah die Errichtung von Schätzungsämtern vor, wie es z.B. in Bremen seit 1873 bestand, die allerdings nur in fünf Großstädten auch eingerichtet wurden und die man als Vorläufer der heutigen Gutachterausschüsse betrachten kann. Konkrete Auswirkungen auf die Beleihungspraxis und die Wertermittlungsverfahren gingen von diesen jedoch trotz der Beachtung, die sie im allgemeinen in der Literatur finden, nicht aus.

Der erste Eingriff in die Bewertung durch die Gesetzgebung erfolgte im Jahre 1925 durch das Reichsbewertungsgesetz.[50]

Dieses diente der gleichmäßigen steuerlichen Bewertung von Grundstücken gleichartiger Nutzung, z. B. von Mietwohngrundstücken. Hierbei kam es nicht auf die Lage an.

Eine erneute und umfassende Bewertung des Grund und Bodens erfolgte im Jahre 1935 mit einer neuen Einheitswertfeststellung. Die hier festgesetzten Bodenwerte wurden nach dem Krieg übernommen und dienten in der DDR bis zum Jahre 1990 als Grundlage der Bodenwerte, während in der Bundesrepublik nach mehreren Änderungen eine neue Hauptfeststellung per 1964 vorgenommen wurde.

---

[50] vgl. Weil, Th.: Grundstücksschätzung, Düsseldorf 1958, S. 14

Entscheidende und in den Bewertungsverfahren bis heute
geübte Praxis war die Einführung einer technischen Wertminderung für Gebäude in dieser Zeit. Nach dem Erlaß des
Reichs- und Preußischen Wirtschaftsministers vom 8. Dezember 1937 waren bei den Wertermittlungsverfahren die
durch „Abnutzung eingetretenen Wertminderungen"[51] zu
berücksichtigen, wobei jedoch nicht angegeben wurde, wie
diese Abnutzung zu berechnen war.[52]

Diese gesetzliche Berücksichtigung einer Abschreibung
war die Konsequenz aus der Ansicht, daß der kapitalisierte
Reinertrag bei Gebäuden nicht als ewige Rente angesehen
werden kann. Nach dem Zusammenbruch der totalen Spekulation bis 1918 und einer eingeführten Mietpreisbindung
für Altbauwohnungen setzte sich die Meinung durch, daß
Reinerträge aus Vermietungen nur bezogen auf die Restnutzungsdauer des Mietobjekts kapitalisiert werden können.

Dagegen wurde und wird noch heute der Boden als Wert
angesehen, der sich auch verzinsen muß, aber im Gegensatz
zum Gebäude keine Abschreibung aufweist.

Da der Kapitalwert des Bodens nur eine Verzinsung durch
die Bodennutzung erfährt, enthält der Gesamtertrag aus einem Grundstück auch den Anteil für die Bodenverzinsung.
Nach dieser Vorstellung, die auch bei Weil und Runge[53] Zustimmung findet, sind also drei Komponenten bei der Ermittlung eines Gebäudeertragswertes zu beachten:
- *die Verzinsung des Bodenwertes*, d. h. der durch die Nutzung zu erwirtschaftende Betrag für die Verzinsung des
  Bodenwertes,
- *der Betrag der Abschreibung der betr. Ertragsperiode*,
  d. h. der auf die zugrundeliegende Periode nach den Regeln der Zinseszinsrechnung entfallende Anteil der zu bil-
  denden Rücklage, der erforderlich ist, um zum Zeitpunkt

---

[51] Landzettel, a. a. O., S. 38

[52] Eine Formel zur Ermittlung der Abschreibung, die im folgenden Kapitel wiedergegeben wird, war von Ross bereits zu Beginn des Jahrhunderts entwickelt worden.

[53] „Der Ertragswert eines Grundstückes ist gleich der Summe aus dem
auf den Grund und Boden entfallenden kapitalisierten Teil der Nettomiete und dem Wert einer Rente, bezogen auf den auf das Grundstück
entfallenden Teil der Nettomiete, wobei die Restnutzungsdauer des
Gebäudes der Dauer einer Rente gleichgesetzt wird." Weil, Th., a. a.
O., S. 43. Vgl. auch Runge, E.: Grundstücksbewertung, Berlin 1947, S. 6

des Ab laufes der Nutzungsdauer das investierte Kapital wieder voll angespart zu haben und
– *der Betrag für die Verzinsung des Gebäudezeitwertes,* d. h. die eigentliche Rendite für die Investition, die das Gebäude darstellt.

1.5 Beispiel

Das nachfolgende Beispiel zeigt die Ertragswertermittlung unter Berücksichtigung der Abschreibung und des Zinssplittings, wie sie auch nach dem Krieg noch viele Jahre in der Bundesrepublik angewandt wurde.

Die Zinsen aus dem Gebäudezeitwert werden als Soll- oder Schuldzinsen, die Zinsen bei der Erneuerungsrücklage werden als Haben- oder Abschreibungszinsen bezeichnet. Wie Soll und Habenzinsen noch vor einigen Jahren bei der praktischen Bewertung verschieden angewandt wurden, zeigt Tabelle 3 [54].

Zur Ermittlung des Gebäudezeitwertes ist es erforderlich, den Gebäudereinertrags-Vervielfältiger festzustellen. Dieser kann aus den folgenden Gleichungen abgeleitet werden:

„Es lassen sich folgende Gleichungen aufstellen:

(1) $\quad R = x + z$

(2) $\quad G = x \dfrac{q^2 - 1}{q - 1}$

(Formel für den Endwert einer Zeitrente, wenn n mal am Ende eines jeden Jahres der Betrag x geleistet wird)
dann ist

$$x = \frac{G(q - 1)}{q^n - 1}$$

(3) $\quad G = z \dfrac{100}{p}$

(Gebäudezeitwert als Funktion der Verzinsung)

---

[54] Rössler/Langner: Schätzung und Ermittlung von Grundstückswerten, Neuwied und Darmstadt 1975, S. 124

Tabelle 3

	Sollzinssatz		Habenzinssatz	
Grundstücksart	in ländl. Gemeinden	in den übrigen Gemeinden	in ländl. Gemeinden	in den übrigen Gemeinden
Einfamilienhäuser	3	3,5	2,5	2,5
Zweifamilienhäuser	3,5	4	2,5	2,5
Mietwohngrundstücke	4	5	2,5	2,5
gemischtgenutzte Grundstücke mit einem gewerblichen Anteil am Rohertrag bis zu 50 v. H.	4,5	5,5	2,5	2,5
mit einem gewerblichen Anteil am Rohertrag über 50 v. H.	5	6	3	3
Geschäftsgrundstücke	5,5	6,5	4	4

dann ist

$$z = G \, \frac{p}{100}$$

(4) Danach ergibt sich:

$$R = \frac{q-1}{q^n - 1} + G \, \frac{p}{100}$$

$$\frac{R}{G} = \frac{q-1}{q^n - 1} + \frac{p}{100}$$

$$\frac{G}{R} = \frac{1}{\dfrac{q-1}{q^n - 1} + \dfrac{p}{100}}$$

$$G = R \frac{1}{\dfrac{q-1}{q^n - 1} + \dfrac{p}{100}}$$

$$G = R \times V$$

Es sind:

G = Gebäudezeitwert

R = Reinertragsanteil des Gebäudes

V = Vervielfältiger

x = Abschreibungsbetrag (jährlich, Erneuerungsrücklage)

q = Zinsfaktor für die Erneuerungsrücklage

$$\left(1 + \frac{\text{Habenzinssatz}}{100}\right)$$

z = Verzinsung des Gebäudewertes

p = Sollzinssatz

n = Laufzeit (Restnutzungsdauer in Jahren)"[55]

Beispielhaft soll für ein Gebäude mit einer Restnutzungsdauer von fünfzig Jahren (= n) der Vervielfältiger ermittelt werden, wobei von einem Sollzinssatz von 6 % und von einem Habenzinssatz von 3,5 % ausgegangen wird.[56]

Nachprüfung der Gleichung (4) bei einem Gebäudereinertrag von 10 000 DM:

G = R (10 000) × V (14,79) = 147 900 DM.

Dann ist:

$$R = 147\,900 \times \frac{1,035 - 1}{1,035^{50} - 1} + 147\,900 \times \frac{6}{100}$$

$$= 1\,124 + 8\,874$$

$$= \text{rd. } 10\,000 \text{ DM}$$

Ein Beispiel von Weil,[57] das lediglich hinsichtlich des Ergebnisses kurz dargestellt wird, ergibt bei einer Nettomiete von 10.000,00 DM und einer Restnutzungsdauer von 40 Jahren sowie einem Sollzinssatz von 5,5 % bei unterschiedlichen Habenzinssätzen folgendes Ergebnis:

---

[55] Rössler/Langner/Simon, a. a. O., S. 149 f.

[56] zit. nach ebenda, S. 150

[57] Weil, a. a. O., S. 51

Habenzinsen:	2,0	2,5	4,0
Multiplikator:	13,97	14,33	15,27
Gebäudewert:	139.700 DM	143.300 DM	152.700 DM[58]

Die Diskussion und Anwendung dieses Zinssplittings hat sich lange gehalten. Erst durch den Erlaß einer Wertermittlungsverordnung[59] und der Herausgabe von Wertermittlungsrichtlinien in der Bundesrepublik setzte es sich endgültig durch, Soll- und Abschreibungszinsen in gleicher Höhe anzusetzen.[60]

1.6. Bestandsaufnahme/Zusammenfassung

Aus verschiedenen auch vorstehend genannten Quellen und Kommentaren geht hervor, daß seit den Anfängen der Grundstücksbewertung Werte immer wieder durch Preisvergleiche ermittelt oder überprüft wurden.

Zur rechnerischen Bewertung wurden Produktionsbetriebe und landwirtschaftliche Flächen meist unter Ertragsaspekten betrachtet. Hierbei wurden die nach Abzug der zur Erlangung eines Ertrages aufzuwendenden Kosten verbleibenden Überschüsse als Barwert kapitalisiert, zum Schluß unter Berücksichtigung der erwarteten Ertragsdauer bei Gebäuden.

Das Sachwertverfahren diente zunächst zur Angabe der Wiederherstellungskosten bei Brandschäden und des Wertes von reinen Wohnhäusern und erwies sich nach der Grün-

• Wertermittlung durch Preisvergleich

• Sachwert für Wiederherstellungskosten

---

[58] ebenda

[59] Die 1. Wertermittlungsverordnung wurde gem. § 141 Abs. 4 BBauG vom 23.06.1960 am 7.8.1961 herausgegeben als: „Grundsätze für die Ermittlung des Verkehrswertes von Grundstücken" und sollte erstmals die Anwendung gleicher Grundsätze bei der Verkehrswertermittlung sicherstellen. Vgl. Just/Brückner, Handbuch der Grundstückswertermittlung, Bd. 3: Verkehrswert gemäß BBauG und StBauFG, 1973, Düsseldorf 1979 Die heutige Fassung ist die Verordnung über Grundsätze für die Ermittlung der Verkehrswerte von Grundstücken (Wertermittlungsverordnung - WertV) vom 6. Dezember 1988, BGBl. I S. 2209

[60] vgl. Richtlinien für die Ermittlung des Verkehrswertes von Grundstücken (Wertermittlungs-Richtlinien 1976) (WertR 76) in der Fassung vom 31. Mai 1976, Beil BAnz. Nr. 146-21/76, geänd. durch Bek. v. 8.4.1981, BAnz. Nr. 81, u. Bek. v. 3.2.1986, BAnz. Nr. 45

derzeit auch als Korrekturverfahren für Mietshausbebauung als brauchbar. Die Einführung eines Baukostenindex wurde zu Beginn des Jahrhunderts möglich durch die große Anzahl in ähnlicher Bauweise errichteter Gebäude und den Beginn einer statistischen Erfassung von Kosten und Preisen.

Der kurzen Darstellung des Sachwertverfahrens sowie der weiteren Entwicklung des Ertragswertverfahrens und der gesamten Entwicklung der in der Bundesrepublik angewandten Verfahren dient das folgende Kapitel.

2 Die Bewertungsverfahren der Bundesrepublik

Die Entwicklung in der Bundesrepublik nach dem Krieg war durch stiefmütterliche Behandlung der Grundstücks- und Gebäudebewertung geprägt. Während in der Betriebswirtschaft erhebliche Fortschritte im Bewertungswesen erzielt wurden, diente die Grundstücks- und Gebäudebewertung mehr amtlichen und formalen Zwecken denn als Grundlage wirtschaftlicher Entscheidungen. Mit gering bezahlter Nebentätigkeit im Ruhestand befindlicher Architekten und Ingenieure konnten zwar bautechnische Mängel und Schäden hinreichend begutachtet werden, die Grundstücksbewertung befand sich aber weiterhin im Abseits. Dazu kam eine Rivalität zwischen Architekten und Vermessungsingenieuren und das weitgehende Desinteresse des Staates, das sich schon im mehrfachen Wechsel der zuständigen Abteilung zwischen Wirtschafts-, Finanzund Bauministerium des Bundes äußerte.

Die so vorprogammierten schlechten Ergebnisse von Gutachten wirkten sich aber nachfolgend kaum negativ aus, da die Preissteigerungen im Grundstücksbereich früher oder später nahezu alle Fehl- bzw. Übereinschätzungen berichtigten. Dazu war der Zielkorridor bei der Bandbreite möglicher Ergebnisse so breit, die Solidarität der Beteiligten ausreichend groß und die rechtlichen Vorgaben so diffus, daß unter den Ergebnissen von Gutachten, bei denen es sich im wesentlichen um persönliche Meinungsäußerungen von Sachverständigen handelte, zwar der Stand der Sachverständigen ansehensmäßig litt, sonst aber kaum Probleme auftraten oder auf die Betroffenen durchschlugen.

Es muß aber auch darauf hingewiesen werden, daß aufgrund der exzellenten Marktkenntnis einzelner Sachverstän-

● Das Bundesbauge-
setz von 1960 als
Grundlage der Weiter-
entwicklung

● Sicherheit durch
neue Einheitswerte

● Gutachterausschüsse
geben Richtwerte her-
aus

diger diese trotz schlechter Bedingungen zu zutreffenden Ergebnissen kamen.[61]

Aus der Erkenntnis eines Regelungsbedarfes nach dem Krieg schuf der Gesetzgeber mit dem Bundesbaugesetz des Jahres 1960 und der hierin geregelten Schaffung von Gutachterausschüssen sowie der Anlage von Kaufpreissammlungen und der nachfolgenden Ausweisung von Bodenrichtwerten mit der gesetzlichen Definition des Verkehrswertbegriffes im § 142 des BBauG[62] eine wesentliche Grundlage. Weitere Schritte zur Vereinheitlichung der Grundstücks- und Gebäudebewertung waren für den behördlichen Grundstücksverkehr der Erlaß der Wertermittlungsvorschriften sowie die Empfehlung für den privaten Grundstücksverkehr in Form der Wertermittlungsrichtlinien. Die Neufeststellung der Einheitswerte per 1964 erstmals seit dem Jahre 1935/36 schuf weitere Sicherheit in den Wertansätzen und führte zu Vereinheitlichungen im Bewertungswesen.

Die WertV 88 und die WertR 76 sehen drei Wertermittlungsverfahren vor, das Vergleichswertverfahren, das Ertragswertverfahren und das Sachwertverfahren. „Die Verfahren sind nach der Art des Gegenstands der Wertermittlung unter Berücksichtigung der im gewöhnlichen Geschäftsverkehr bestehenden Gepflogenheiten und den sonstigen Umständen des Einzelfalls zu wählen."[63]

Bei allen Verfahren wird zunächst der Bodenwert festgestellt. Dieser wird üblicherweise auf dem Vergleichsweg ermittelt. Dabei werden Grundstücke in ähnlicher Lage, Größe, Zuschnitt, Nutzungsmöglichkeit und Beschaffenheit zum Vergleich herangezogen.

In der Praxis dienen Kaufpreissammlungen der Gutachterausschüsse und die daraus jährlich bzw. zweijährig abgeleiteten Richtwerte für die Bodenpreise als Anhalt.

---

[61] Ein in Berlin bekannter Sachverständiger fertigte im hohen Alter ein Verkehrswertgutachten nach dem Sach- und Ertragswert an, wobei er übersah, daß es sich um eine Doppelhaushälfte handelte und nur die eine Hälfte zu bewerten war. Im Ergebnis war der Verkehrswert absolut zutreffend. Trotz rechnerisch doppelten Volumens und doppelter Fläche schaffte er es, den richtigen Preis der besichtigten Haushälfte auszuweisen.

[62] der 1986 durch den identischen § 194 BauGB ersetzt wurde.

[63] WertV, a. a. O, § 7 (2)

Das Endergebnis sind regelmäßig publizierte Richtwertkarten, die den Vergleichswert aufweisen sollen und nach den obenstehenden Kriterien abgestimmt werden müssen.

Nachfolgend wird zunächst näher auf diese gesetzliche Grundlage der Definition des Verkehrswertbegriffes eingegangen, bevor das heutige Ertrags- und das Sachwertermittlungsverfahren im Zusammenhang mit seinen Bestimmungsfaktoren und analog der Wertermittlungsverordnung vom 14. Oktober ·1988[64] und der Wertermittlungsrichtlinien vom 31. Mai 1976[65] dargestellt wird.

2.1 Verkehrswert

Die erste gesetzliche Bestimmung für den zu schätzenden „gemeinen Wert" erfolgte bereits im Jahre 1794 im Preußischen allgemeinen Landrecht:

„§111: Der Nutzen, welche eine Sache ihrem Besitzer leisten kann, bestimmt den Wert derselben.

§112: Der Nutzen, welche die Sache einem Besitzer ge währen kann, ist ihr gemeiner Wert.

§113: Annehmlichkeiten oder Bequemlichkeiten, welche einem jeden Besitzer schätzbar sind und deswegen gewöhnlich in Anschlag kommen, werden dem gemeinen Werte beigerechnet."[66]

Diese gesetzlichen Beschreibungen des Wertbegriffes hielten sich lange – heute ist nur noch steuerlich der „gemeine Wert" relevant – und sind jetzt durch die Definition des Verkehrswertbegriffes im § 194 BauGB ersetzt:

„Der Verkehrswert wird durch den Preis bestimmt, der in dem Zeitpunkt, auf den sich die Ermittlung bezieht, im gewöhnlichen Geschäftsverkehr nach den rechtlichen Gegebenheiten und tatsächlichen Eigenschaften, der sonstigen Beschaffenheit und der Lage des Grundstückes oder des sonstigen Gegenstandes der Wertermittlung ohne Rücksicht

• Richtwerte aus Preisvergleich

• Wert im Preußischen Landrecht

• Verkehrswertregelung von 1794 lange gültig

---

[64] ebenda

[65] Richtlinien für die Ermittlung des Verkehrswertes von Grundstücken (Wertermittlungs-Richtlinien 1976) (WertR 76), a. a. O.

[66] itiert nach Rothkegel, W.: Handbuch der Schätzungslehre für Grundbesitzungen, Bd. 1, Berlin 1930, S. 71

auf ungewöhnliche oder persönliche Verhältnisse zu erzielen wäre".

2.1.1 Verkehrswertdefinition

Die einzelnen Begriffe dieser Bestimmung sind zum Verständnis kurz darzustellen, bevor die eigentlichen Verfahren, die dieser Definition Rechnung tragen sollen, erläutert werden.

• Marktpreis bestimmt den Verkehrswert

Der Verkehrswert wird durch den Preis bestimmt, gemeint ist das monetäre Äquivalent als geldlicher Ausdruck, z. B. als Kaufpreis; die Prognostizierung des Preises am Markt.

• Bewertungsdatum berücksichtigt Marktveränderungen

Der *Zeitpunkt*, auf den sich die Ermittlung bezieht, ist das Bewertungsdatum. Der Bezug auf ein Datum trägt der Veränderlichkeit des Marktes Rechnung und beschränkt die Auswirkungen der Einflußfaktoren auf einen Stichtag.

• Marktsituation nur langfristig zu beurteilen

Die *normale Marktsituation* ohne besondere, den Markt unmittelbar beeinträchtigende Vorgänge, wie momentane Krisen, wird hier gefordert. Tagespolitische Auswirkungen sollen unberücksichtigt bleiben.

Die *Rechtsverhältnisse* des Grundstücks in Bezug auf das Baurecht, d.h. die baurechliche Nutzbarkeit nach z.B. der Baunutzungsverordnung, und gültige Bebauungspläne sind zu beachten. Weiterhin finden grundbuchmäßige Lasten und Beschränkungen wie auch Denkmalschutzauflagen etc. hier ihren Niederschlag.

• Beschaffenheit und Eigenschaften müssen Berücksichtigung finden

Insbesondere die Baugrundverhältnisse sind Merkmal der *tatsächlichen Eigenschaften*. Belichtungs- und Witterungs- sowie sonstige auf das Grundstück wirkende Umwelteinflüsse sind diesen zuzurechnen.

Erneut können hier die physikalischen Untergrundverhältnisse erfaßt werden, überwiegendes Merkmal der *Beschaffenheit* und *Lage* sind aber die Grundstücksgröße, die Zustandsverhältnisse einer Bebauung und die Standortsituation im Kontext vergleichbarer Objekte.

• Verkaufsmodalitäten nur im Sonderfall zu bewerten

Ursprünglich wurden Verkäufe im Rahmen von Zwangsversteigerungen unter *ungewöhnlichen* oder *persönlichen Verhältnissen* erfaßt. Nachdem die Ergebnisse solcher „Verkäufe" aber keine signifikanten Abweichungen von anderen erzielten Ergebnissen aufweisen, werden hierunter nur noch Notverkäufe und ähnliche Vorgänge erfaßt, die unter großem Zeitdruck zu Abschlüssen führen, sowie durch persönliche Verhältnisse wie verwandschaftliche Beziehungen beeinflußte Verkäufe.

2.1.2 Zum objektiven Wert

Das Ziel der Bewertungen, die den Verkehrswert feststellen sollen, ist eine Prognostizierung des Preises am Markt. Da persönliche Verhältnisse nach der Definition nicht berücksichtigt werden sollen, liegt hier eine Vorstellung vom „objektiven" Wert zugrunde. In der objektiven Werttheorie wird der Wert als Eigenschaft eines Gutes angesehen, als „inhärente" Größe. Tatsächlich findet die Zumesssung eines Wertes im Rahmen einer „Subjekt-Objekt-Beziehung" statt, so daß bereits der Praktiker Brückner ausführt:"Der Begriff ‚Wertermittlung' beinhaltet, daß es sich um eine nach ‚objektiven' Gesichtspunkten vorgenommene, sachliche Ermittlung des Grundstückswertes, nicht um Abgabe subjektiver Meinungsäußerung handelt".[67]

Zweifel an der Tauglichkeit des „objektiven" Bewertungsansatzes insgesamt bestehen in der Praxis seit langem. In einem Urteil des BGH vom 10. Juli 1958 kommt schon zum Ausdruck: „Zulässig ist es (...), die nach den verschiedenen, in sich geschlossenen Berechnungsmethoden gewonnenen Ergebnisse miteinander zu vergleichen und daraus Anhaltspunkte für die endgültige Bemessung der Grundstückswerte zu gewinnen."[68]

Tatsächlich ermöglichen dem Bewerter die Vielzahl von wertrelevanten Größen, die auf Annahmen beruhen, in aller Regel zu wunschgemäßen Ergebnissen zu kommen. Die Berücksichtigung von „Annahmen" weist den subjektiven Charakter von Bewertungen nach und schließt „objektive" Werte damit aus. Folglich kann es sich nicht um „inhärente" Eigenschaften des Objektes handeln, sondern um subjektiv zugemessene.

Zu erklären ist das Festhalten am objektiven Wert – anders als bei der modernen Unternehmensbewertung – an

---

67 Brückner, a. a. O., S. 175
68 zitiert nach Ross, F. W., Brachmann, R.: Ermittlung des Bauwertes
   von Gebäuden, Hannover 1983, S. 166/167

der großen Anzahl notwendiger Wertermittlungen und dem Bedarf an überschaubaren und schnell durchzuführenden Bewertungen, wobei die Qualität des Gutachters den falschen Wertansatz kompensieren soll.

Die dem Verkehrswertbegriff nachgeordneten Bewertungsverfahren der Wertermittlungsverordnung und der Wertermittlungsrichtlinien lassen die Subjektivität von Annahmen außer Betracht und unterstellen somit Objektivität.[69]

2.2 Das Ertragswertverfahren

Die Anwendung des Ertragswertverfahrens ist sinnvoll bei Objekten, die eine wirtschaftliche Nutzung aufweisen, d. h. wo regelmäßig Mieten oder Pachten etc. für die Überlassung des Nutzungsrechtes des Objektes gezahlt werden. Auch hier wird zunächst der Bodenwert üblicherweise auf dem Vergleichswege ermittelt. Nach der Feststellung des Bodenwertes erfolgt die eigentliche Ermittlung des Ertragswertes. Abbildung 1[70] zeigt den schematischer Ablauf des Verfahrens.

Der Grundstücksreinertrag ergibt sich aus dem um die Bewirtschaftungskosten geminderten Jahresrohertrag.

Unter dem Jahresrohertrag werden die Rohmieteinnahmen, Pachten, Einnahmen aus Vermietung für Reklamezwecke usw. verstanden, soweit sie im Zusammenhang mit dem Objekt stehen. Es sollen die jährlichen Roherträge erfaßt werden, die bei einer ordnungsgemäßen, normalen Bewirtschaftung „nachhaltig" zu erzielen sind. Erfaßt werden die Erträge des Jahres, in dem die Bewertung stattfindet. Bei der Prüfung der „Nachhaltigkeit" ist zu kontrollieren, ob der zur Zeit erzielte Ertrag auch auf Dauer erreichbar ist. Sind Grundstückserträge vorhanden, die nicht im Zusammenhang mit der Bebauung stehen, sind diese ggf. getrennt

---

[69] Richtlinien für die Ermittlung des Verkehrswertes von Grundstücken; a. a. O. Verordnung über Grundsätze für die Ermittlung der Verkehrswerte von Grundstücken (Wertermittlungsverordnung-WertV), a. a. O.

[70] Rössler/Langner/Simon, a. a. O., S. 206

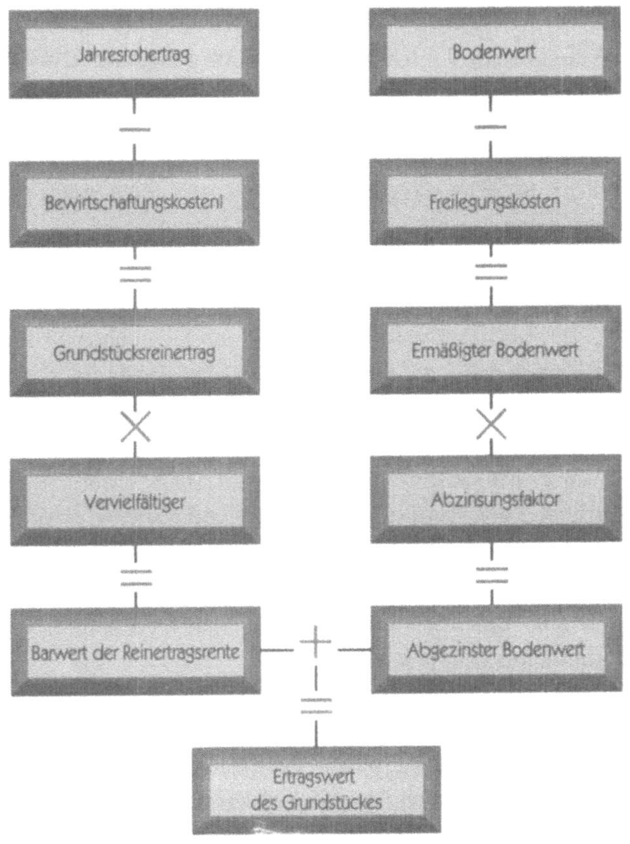

Abbildung 1

zu ermitteln, wobei u. U. das gleiche Verfahren angewandt werden kann.[71]

Ist die Bewertung auf einen anderen, evtl. früheren Zeitpunkt abzustellen, so ist von den damals erzielten Erträgen auszugehen. Hilfsweise kann hier vom amtlichen Preisindex für Wohnungsmieten ausgegangen werden.[72]

Durch die Bewirtschaftung von Gebäuden entstehen Kosten, die den Rohertrag mindern. Bestandteile der Bewirtschaftungskosten sind Betriebskosten, wie Müllabfuhr,

---

[71] vgl. Gerardy, T.: Praxis der Grundstücksbewertung, München 1980, S. 530 ff.

[72] vgl. Statistisches Bundesamt Wiesbaden, Fachserie 17, Reihe 7, vierteljährlich fortgeschriebene und veröffentlichte Preisindizes, Stuttgart und Mainz

Straßenreinigung, Schneebeseitigung, Versicherung usw.[73] Dazu kommen die Kosten für die Verwaltung, die bauliche Instandhaltung und für das Mietausfallwagnis. Letzteres ist ein Abschlag, der gelegentlichen Leerstand bzw. Mietausfall kompensieren soll.[74]

Auch die Gebäudeabschreibung wird als ein Teil der Bewirtschaftungskosten angesehen, tatsächlich wird sie aber erst bei der Kapitalisierung (im Vervielfältiger) berücksichtigt.

Der Grundstücksreinertrag wird durch den Betrag der Bodenwertverzinsung verringert. Anschließend ergibt sich aus dem Produkt von Vervielfältiger und Reinertrag der baulichen Anlagen der Gebäudeertragswert.

War der Reinertrag der baulichen Anlagen bereits negativ, weil der Verzinsungsbetrag des Bodenwertes größer als der Grundstückreinertrag war, ergibt sich kein Gebäudeertragswert. In solchen Fällen kann er allerdings negativ werden, aber niemals höher als die Kosten für unmittelbare Entmietung, Abbruch usw.

Als ein unbegrenzt nutzbares Wirtschaftsgut ist der Grund und Boden anzusehen. Im Sinne eines Dauerertrages verzinst er sich als Jahresbetrag einer ewigen Rente kontinuierlich.

Üblicherweise wird der gleiche Zinssatz wie bei der nachfolgenden Kapitalisierung angewandt. Ausnahmen hiervon sollten gemacht werden, wenn die Bewertung zu einem Zeitpunkt vorzunehmen ist, an dem ein mehrstufiges Projekt erst teilweise realisiert ist. Zu achten ist darauf, daß die Verzinsung nur für den Grundstücksteil in Anspruch genommen wird, der tatsächlich für die vorhandene Bebauung erforderlich ist.

Bei übergroßen Grundstücken sind also nur die Teilflächen anzusetzen, die aufgrund der vorhandenen Bebauung baurechtlich erforderlich sind.

Reduziert man den Grundstücksreinertrag um den Verzinsungsbetrag des Bodenwertes, erhält man den Reinertrag der baulichen Anlagen.

---

[73] vgl. Verordnung über wohnungswirtschaftliche Berechnungen (Zweite Berechnungsverordnung - II. BV) in der Fassung der Bekanntmachung vom 5. April 1984, BGBl. I S. 553, Anlage 3 zu § 27

[74] vgl. WertV, a. a. O., § 11 Abs. 5 und Zweite Berechnungsverordnung, a. a. O.

Der Reinertrag der baulichen Anlagen ist zu kapitalisieren, wobei die Grundlage dafür die Restnutzungsdauer, der Zinssatz und die Abschreibung sind. Die Restnutzungsdauer hängt vom technischen Zustand und von der Art der Gebäudenutzung ab. Zugrundezulegen ist die wirtschaftliche Restnutzungsdauer, da nur für diese Zeitspanne Erträge anfallen. Die Gesamtlebensdauer ist von nachgeordneter Bedeutung und nur bezüglich der Gesamtabschreibung interessant.

Für die Kapitalisierung benötigt man den Barwert einer nachschüssigen Zeitrente, auch Gebäudereinertrags-Vervielfältiger genannt. In den Vervielfältigern nach der WertV ist eine stark progressive Wertminderung enthalten. D. h. in den ersten Jahren ist die Minderung gering, um gegen Ende der Restnutzungsdauer stark anzusteigen.[75]

Diese Vervielfältiger lassen die Wahl eines Zinssatzes von 3% bis 8% zu, wobei folgende Zinssätze als Anhaltspunkte gelten sollen:

1. Mietwohngrundstücke	5,0%
2. bei gemischtgenutzten Grundstücken mit weniger als 50% gewerblichem Anteil	5,5%
3. bei gemischtgenutzten Grundstücken mit mehr als 50% gewerblichem Anteil	6,0%
4. bei Geschäftsgrundstücken	6,5%
5. bei Geschäftsgrundstücken in Citylage	bis 8,0%

Bei abweichenden Liegenschaftszinssätzen kann der Vervielfältiger auch nach der folgenden Barwertformel berechnet werden:

$$V = \frac{1}{\dfrac{q^n(q-1)}{q^n-1}}$$

V = Vervielfältiger

q = Zinssatz

n = Restnutzungsdauer in Jahren

Darüber hinaus werden die ermittelten Liegenschaftssätze von den zuständigen Ämtern herausgegeben, wie das nachfolgende Beispiel per 30.07.1990 für Berlin zeigt:

---

[75] vgl. Vogels, M.: Grundstücks- und Gebäudebewertung marktgerecht, Wiesbaden und Berlin 1982, S. 81

Tabelle 4. Liegenschaftszinssätze für Baujahre 1901–1918[76]

Reinertragsanteil am Rohertrag (%) bei einer tatsächlichen GFZ von:							Zinssatz p in%
1,5	2,0	2,5	3,0	3,5	4,0	4,5	
14–20	15–21	17–23	19–25	20–26	22–28	24–30	0,5
21–26	22–27	24–29	26–31	27–32	30–34	31–36	1,0
27–32	28–33	30–35	32–37	33–39	35–40	37–42	1,5
33–38	34–40	36–41	38–43	40–45	41–46	43–48	2,0
39–44	41–46	42–47	44–49	46–51	47–52	49–52	2,5
45–50	47–52	48–53	50–55	52–57	53–58	55–60	3,0
51–56	53–58	54–59	56–61	58–63	59–64	61–66	3,5
57–62	59–64	60–65	62–67	64–69	65–71	67–73	4,0
63–68	64–70	66–72	68–74	70–76	72–77		4,5
69–75	71–76						5,0

Erhielt man durch Vervielfältigung des Reinertrages der baulichen Anlagen den Gebäudeertragswert, ergibt sich nach Berücksichtigung besonderer wertbeeinflussender Umstände der Gebäudewert.

Hierunter sind z. B. bauliche Schäden oder Mängel, von außen her einwirkende Verkehrs- oder Industrieimmissionen, Überschwemmungsgefahr usw. zu verstehen. Besondere Annehmlichkeiten, wie ein Aussichtsrecht etc., führen hier zu einem Zuschlag. Voraussetzung für Zu- und Abschläge ist aber, daß die hier in Ansatz gebrachten Umstände weder beim Vervielfältiger in Form einer evtl. reduzierten Restnutzungsdauer, wie bei Bergschäden etc., noch beim Jahresrohertrag berücksichtigt wurden.

Aus der Summe von Gebäudewert und Bodenwert ergibt sich der Ertragswert des Grundstückes.

Der ermittelte Ertragswert entspricht nicht unbedingt dem Verkehrswert, sondern ist zunächst unter Berücksichtigung der Marktlage zu würdigen. Durch Anpassung an den örtlichen Grundstücksmarkt ergibt sich letztlich der Verkehrswert.

---

[76] Liegenschaftszinssätze für Grundstücke mit Mietwohn- und -geschäftshäusern in Berlin, Bekanntmachung vom 30.07.1990, in: Amtsblatt für Berlin, 40. Jg., Nr. 45 vom 31.08.1990

Die rechnerische Verfahrensweise soll an dem nachstehenden Beispiel nach Pfarr[77] gezeigt werden:

Rohertrag	400 000,– DM
./. Bewirtschaftungskosten	./. 100 000,– DM
Reinertrag	300 000,– DM
./. Anteil des Bodenwertes	
2 000 000 × 5/100	./. 100 000,– DM
Anteil des Gebäudes am Reinertrag	200 000,– DM

Restnutzungsdauer 30 Jahre
also Vervielfältiger 13,73

Gebäudeertragswert	2 746 000,– DM
+ Bodenwert	2 000 000,– DM
Ertragswert	**4 746 000,– DM**

Außer der hier dargestellten Form des Ertragswertverfahrens ist auch noch die vereinfachte Kapitalisierungsform der Jahrhundertwende gebräuchlich, die vor allem noch bei Hypotheken-Banken beim Mittelwertverfahren Verwendung findet.

2.3 Das Sachwertverfahren und seine Praxis

Beim Sachwertverfahren wird der Wert des Grundstückes, der baulichen Anlagen sowie der Außenanlagen festgestellt. Durch Addition der einzelnen Werte erhält man den Grundstückssachwert. Dieser dient als Anhaltspunkt. Er muß durch Zu- oder Abschläge anschließend an marktwirtschaftliche Preisverhältnisse angepaßt werden.

Abbildung 2 soll den Verfahrensablauf bei der Sachwertermittlung verdeutlichen.[78]

Dieses Verfahren beruht im wesentlichen „auf der Vermutung, daß eine (...) Beziehung (...) zwischen dem Verkehrs-

---

77 Pfarr, Karlheinz: Handbuch der kostenbewußten Bauplanung, Wuppertal 1976, S. 255

78 Rössler/Langner/Simon, a. a. O., S. 208

Gebäudenormalherstellungswert
Normalherstellungswert der Außenanlagen
Bodenwert
–
–
Wertminderung wegen Baumängeln und -schäden
Wertminderung wegen Baumängeln und -schäden
=
=
Gekürzter Gebäudenormalherstellungswert
Gekürzter Normalherstellungswert der Außenanlagen
–
–
Wertminderung wegen Alters
Wertminderung wegen Alters
=
=
Gebäudesachwert
Sachwert der Außenanlagen
+/–
+/–
Ab- und Zuschläge wegen besonderer wertbeeinflussender Umstände
Ab- und Zuschläge wegen besonderer wertbeeinflussender Umstände
=
=
Gebäudewert
Wert der Außenanlagen
+
+
+
=
Sachwert des Grundstückes

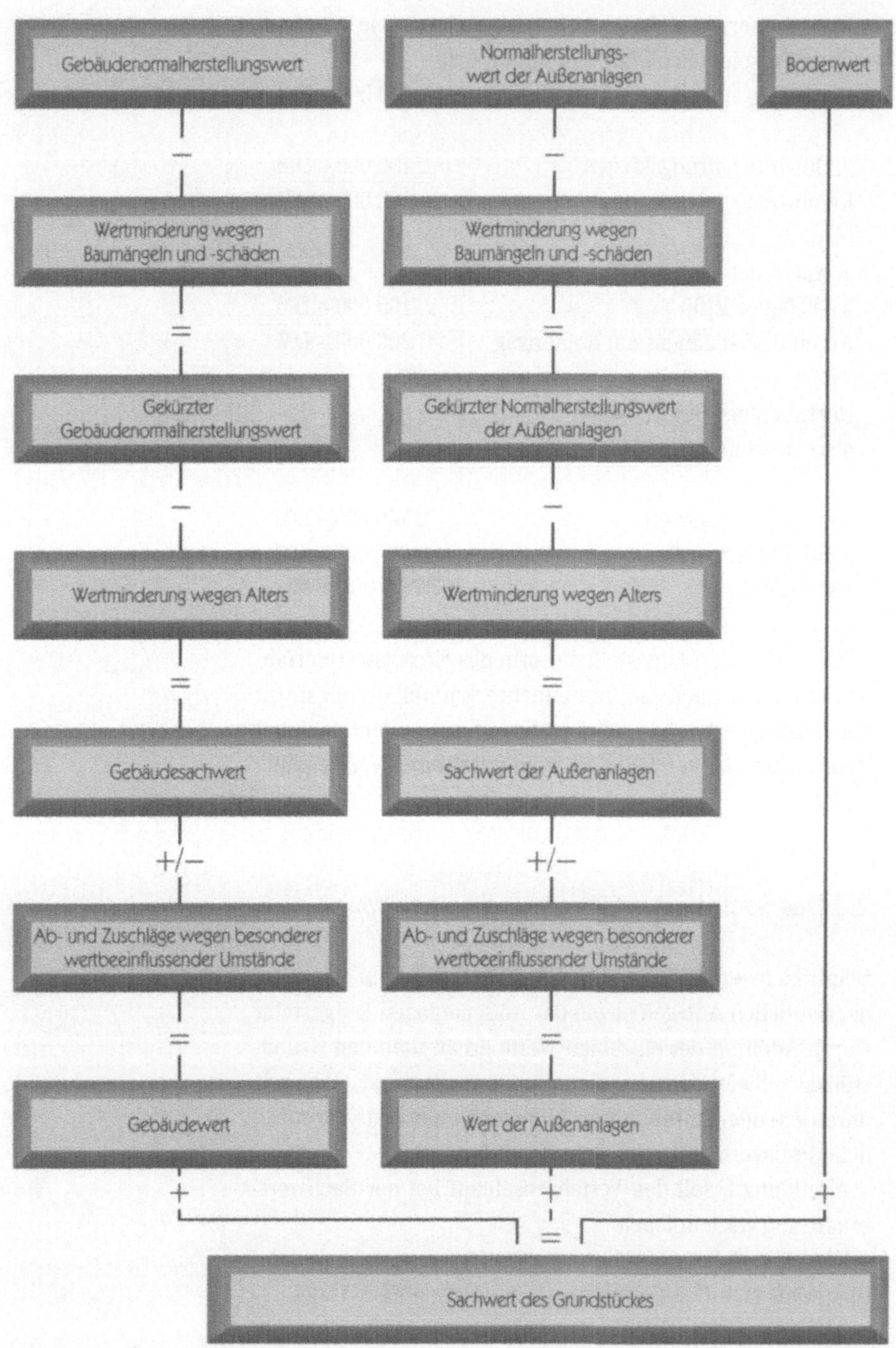

Abbildung 2

wert einerseits und der Summe aus Bodenwert und Gebäudewert, verstanden als Wert der baulichen Substanz, andererseits gegeben sei."[79] Diese Vermutung trifft ohne Zweifel lediglich evtl. zum Investitionszeitpunkt zu.

Hier sei das Beispiel einer veralteten, baufälligen Fabrikationshalle angebracht, die sicherlich einen hohen Sachwert besitzt, aber einen sehr viel geringeren Verkehrswert aufweist. Da die Wertminderung (Abschlag) des Gebäudeherstellungswertes – der an anderer Stelle behandelt wird – im starken Maße subjektiv bewertet wird, ergibt sich eine der Schwächen dieses Verfahrens.

2.3.1 Das Grundstück und seine wertbeeinflussenden Faktoren

Der Bodenwert wird mit Hilfe des Vergleichswertes ermittelt. Er gilt infolge ständiger Verringerung des zur Verfügung stehenden Baulandes allgemein als eine renditesichere Investition. Von wertentscheidender Bedeutung sind aber vor allem die regionale Lage, die Art und das Maß der baurechtlich zulässigen Nutzung sowie der Erschließungszustand des Grundstückes. Die Nutzung ist im wesentlichen abhängig von der zulässigen Bebauung. Aber auch Rechte (z.B. Überbaurechte, Notwegerechte etc.) und Beschränkungen (z.B. Grunddienstbarkeiten etc.) beeinflussen einen Grundstückswert, können hier aber nur peripher behandelt werden.

Der Wert eines unbebauten Grundstückes wird hauptsächlich durch die örtliche oder regionale Lage bestimmt. So sind Grundstücke in Gebieten mit wirtschaftlicher Bedeutung eher gefragt, denn sie bieten durch ihre Infrastruktur (Arbeit, Konsum, Verkehr, Wohnen, Ausbildung, Kultur) erhebliche Vorteile. Da Grundstücke nicht beliebig vermehrbar sind, setzt in bevorzugten Gebieten das Preisregulativ ein, d.h., daß bei großer Nachfrage und kleinem Angebot ein hoher Bodenpreis erzielbar ist und umgekehrt.

Verallgemeinernd läßt sich sagen, daß der Bedeutungsüberschuß und damit der Bodenwert eines zentralen Grundstückes gegenüber dem dezentraler Grundstücke um so höher ist, je näher es an einem zentralen Ort liegt.

---

[79] Gerardy, a. a. O., S. 568

Tabelle 5. Umrechnungskoeffizienten für das Wertverhältnis von gleichartigen Grundstücken bei unterschiedlich baulicher Nutzung (GFZ: GFZ)

GFZ	Umrechnungs-koeffizient	GFZ	Umrechnungs-koeffizient	GFZ	Umrechnungs-koeffizient
		1,1	1,05	2,1	1,49
		1,2	1,10	2,2	1,53
		1,3	1,14	2,3	1,57
0,4	0,66	1,4	1,19	2,4	1,61
0,5	0,72	1,5	1,24		
0,6	0,78	1,6	1,28		
0,7	0,84	1,7	1,32		
0,8	0,90	1,8	1,36		
0,9	0,95	1,9	1,41		
1,0	1,00	2,0	1,45		

Weiterhin sind Größe und Zuschnitt erhebliche Faktoren, da sie für die bauliche Ausnutzung entscheidend sind. Die Art und der Grad der zulässigen und der möglichen Nutzung beeinflussen den Wert eines Grundstückes ganz erheblich, da es um so wertvoller ist, je höher der zu erwartende Nutzen ist.

„Der Einfluß des Maßes der baulichen Nutzung auf den Bodenwert läßt sich mit Hilfe von Umrechnungskoeffizienten erfassen."[80]

Diese gelten für den GFZ-Bereich von 0,4 bis 2,4 (siehe Tabelle 5[81]) und lassen eine Wertschätzung von gleichartigen Grundstücken bei unterschiedlicher Nutzung zu.

Ein Beispiel soll dies verdeutlichen:[82]

„Vergleichspreis 200 DM/m^2 bei GFZ 0,8. Gesucht wird der Wert für ein gleichartiges Grundstück mit zulässiger GFZ 1,2 Umrechnungskoeffizient bei GFZ 1,2 = 1,10, Umrechnungskoeffizient bei GFZ 0,8 = 0,90

$$\frac{200 \text{ DM}/\text{m}^2 \times 1{,}10}{0{,}90} = \text{rd. } 244 \text{ DM}/\text{m}^2\text{"}$$

---

[80] Rössler/Langer/Simon, a.a.O., S. 56

[81] Richtlinien für die Wertermittlung des Verkehrswertes von Grundstücken (Wert R 76), a. a. O., Anlage 23

[82] Gerardy, a. a. O., S. 296

Jedoch können diese Koeffizienten nicht unbesehen übernommen werden. Örtliche Unterscheidungen am Grundstücksmarkt führen durchaus zu abweichenden Ansätzen.

Auch der Erschließungszustand ist wertbeeinflussend. Zweifellos hat ein erschlossenes Grundstück einen höheren Wert als ein Grundstück an einer bisher noch nicht ausgebauten Straße. Erst durch die Herstellung der Erschließungsanlagen tritt eine Werterhöhung eines Grundstückes ein.

Dieser nicht unwesentliche Faktor beeinflußt den Wert eines Grundstückes, da Erschließungskosten und –beiträge vom Grundstückseigentümer getragen werden müssen. Beitragsfähig ist jedoch nur der Erschließungsaufwand, um die Bauflächen entsprechend der baurechtlichen Vorschriften zu nutzen. Welche Kosten zum Erschließungsaufwand gehören, ergibt sich aus §§ 127 bis 135 BauGB.[83]

Wertbeeinflussende Faktoren sind außerdem die besonderen Lagemerkmale eines Grundstückes, zu denen zu zählen sind:

„Die innere Verkehrslage: Hier ist insbesondere festzustellen die Entfernung des Grundstückes zum Ortszentrum, zu den Haltepunkten öffentlicher Verkehrsmittel (Straßenbahn, Bus, U-Bahn, S-Bahn, Bundesbahn) (oder Reichsbahn, d. Verf.), zu den Haupt- und Schnellstraßen, zu den Autobahnanschlüssen, zu den Einkaufszentren, zu den Dienstleistungsbetrieben, zu den Verwaltungs- und Kulturzentren sowie zu den Schulen und Kindergärten. Als lagegünstig sind solche Grundstücke anzusehen, von denen aus ein großer Teil dieser Einrichtungen innerhalb von 15 bis 20 Minuten zu erreichen ist. Dabei spielt die absolute Entfernung (km) eine geringere Rolle. Entscheidend ist allein der Zeitfaktor.

Die Wohnlage: Günstig zu beurteilen sind exklusive, ruhige oder landschaftlich reizvolle Lagen, die Nähe von Erholungsgebieten und dgl. Ungünstig zu beurteilen sind unmoderne Wohnumgebung, Überfremdung der Umgebung (...), asoziales Wohnungsumfeld, Einwirkungen durch Immission und dergleichen.“[84]

---

[83] vgl. Baugesetzbuch (BauGB) in der Fassung der Bekanntmachung vom 8. Dezember 1986, BGBl. I S. 2253, zuletzt geänd. durch EVertr v. 31.8.1990, BGBl. II S. 889, 1122, § 127 bis 135

[84] Rössler/Langner/Simon, a.a.O., S. 61

Ungünstige Bodenverhältnisse führen bekanntlich zu höheren Baukosten, was sich wiederum auf den Bodenwert auswirken kann. Folgende drei Einflußgrößen empfiehlt es sich zu unterscheiden:

Das Bodenrelief des Grundstückes:
– Ebenes Gelände (normale Gründungskosten)
– Hangiges Gelände und aufgeschütteter Boden (erhöhte Gründungskosten)
– Steiles Hanggelände (sehr hohe Gründungskosten)

Die Beschaffenheit des Baugrundes:
– Nichtbindiger Boden (normale Gründungskosten)
– Bindiger Boden (erhöhte Gründungskosten)
– Gesteinsboden (sehr hohe Gründungskosten)

Die Grundwasserverhältnisse:
– Tiefstehendes Grundwasser (normale Gründungskosten)
– Hochstehendes Grundwasser (erhöhte Gründungskosten)
– Naßboden und Pfahlgründungen (extrem hohe Gründungskosten)[85]

Abschließend sind wertbeeinflussende Rechte und Belastungen eines Grundstückes aufzuführen. Man unterscheidet zwischen privatrechtlichen und öffentlich-rechtlichen Beschränkungen eines Grundstückes. Privatrechtlicher Natur sind hierbei beschränkt dingliche Rechte (z.B. Erbbaurecht, Dienstbarkeiten, Vorkaufsrechte, Reallasten, Grundpfandrechte, etc.) und gesetzliche Beschränkungen (z.B. Überbau, Notwegerecht, etc.). Belastungen durch öffentliche-rechtliche Interessen werden in verschiedenen Gesetzen und Rechtsvorschriften (z.B. BauGB, StBauFG, Enteignungsrechtliche Vorschriften etc.) geregelt.

2.3.2 Elemente des Bewertungsverfahrens

Zur Ermittlung des Sachwertes von bebauten Grundstücken wird der Gestehungswert der Gebäude sowie der Außenanlagen ermittelt. Dabei werden die gewöhnlichen Herstel-

---

[85] vgl. ebenda, S. 74-77

lungskosten berechnet. Hierfür lassen sich folgende Verfahren auswählen:

„1) Der Herstellungswert wird nach den tatsächlich entstandenen Kosten ermittelt.

2) Der Herstellungswert wird nach einer nach Gewerke gegliederten Kostenschätzung (vgl. DIN 276, Blatt 3, Anhang 3) ermittelt.

3) Der Herstellungswert wird nach einer detaillierten Kostenberechnung (vgl. DIN 276, Blatt 3, Anhang 2) ermittelt.

4) Der Herstellungswert wird in Anlehnung an bekannte Herstellungskosten von in Bauart, Bauweise und baulicher Ausstattung vergleichbaren Gebäuden ermittelt.

5) Der Herstellungswert wird durch Multiplikation des Vielfachen einer gewählten Maßeinheit (z.B. m^3 des umbauten Raumes oder m^2 Wohnfläche) mit einem durchschnittlichen Preis für die jeweilige Maßeinheit ermittelt."[86]

Die Vorgehensweise nach 1) ist die einfachste, aber wegen der Schwierigkeiten, die Kosten zu „verobjektivieren", kaum anwendbar. Um Herstellungskosten im Sinne der objektiven Wertlehre zu ermitteln, müßten von subjektiven Einflüssen freie Herstellungskosten ermittelt werden, die es nicht geben kann.

Bei 2) und 4) sind umfassende bautechnische Kenntnisse erforderlich, dies kann als unwirtschaftlich gelten.

Unverhältnismäßig hoher Aufwand bei 3) steht in keiner Relation zu der geforderten Genauigkeit.

Die vergleichbare Bewertung nach 5) wird von Gutachterausschüssen, wie z.B. dem Berliner Gutachterausschuß, angewandt und ist das in der Praxis gebräuchlichste Verfahren.[87] Hier werden Gebäudeklassifizierungen vorgenommen und für die Gebäudetypen durchschnittliche m^3-Preise (Raummeterpreise) ermittelt. Dies dient dazu, die Kaufpreise in Boden- und Bauwerte aufzusplittern, um die so ermittelten Bodenpreise bei den Richtwerten berücksichtigen zu können.

* Herstellungswert ist nach mehreren Verfahren zu ermitteln

* Objektive Herstellungskosten gibt es nicht

* Das gebräuchliche Verfahren ist die vergleichbare Bewertung

---

[86] Rössler/Langner/Simon, a. a. O., S. 210
[87] vgl. ebenda, S. 211

Dabei kommt es zunächst wesentlich darauf an, daß der umbaute Raum des Gebäudes richtig erfaßt wird. Anzuwenden ist hier die II. Berechnungsverordnung.[88] Dort wird einheitlich geregelt, wie die Wohn-/Nutzfläche und das Bauvolumen zu ermitteln sind.

• Unterschiedliche Ansätze bei Alt- und Neubauten

Raummeterpreise werden in Berlin in der Regel auf das Basisjahr 1913/14 bezogen. Hierbei verwenden die Gutachter für Wohngebäude m^3-Preise zwischen 17,00 DM und 26,00 DM (siehe DIN 277, 1950). Weiter ist auch das Basisjahr 1976 bei der Wertermittlung gebräuchlich, da hier moderne Ausführungen und Ausstattungen berücksichtigt worden sind. Bei Altbauten wird regelmäßig noch immer das Jahr 1913/14 benutzt.

Analog hierzu ist bei der Wertermittlung von Außenanlagen zu verfahren, jedoch kann i.d.R. von einem Herstellungswert von $\leq 10\,\%$ bei Neubauten und $\leq 8\,\%$ bei Altbauten der reinen Baukosten ausgegangen werden.

Werden der Berechnung Preise und Kosten aus Jahren vor dem Bewertungsstichtag zugrundegelegt, müssen diese mit Hilfe amtlicher Indizes umgerechnet werden. Hierbei handelt es sich um den Wiederbeschaffungswert bzw. um Beträge, die zur Wiederbeschaffung tatsächlich aufzuwenden sind. Ihre Ermittlung erfolgt marktkonform. Sie sind daher für jeden Sachverständigen zur Sachwertermittlung relevant.

• Kontrolle durch neutrale Indexwerte?

Die Indexzahlen werden nach § 193 BauGB von den Geschäftsstellen der Gutachterausschüsse aufgestellt und vierteljährlich veröffentlicht. Die Ausarbeitung dieser Indexzahlen kann nur erfolgen, wenn den Geschäftsstellen der Gutachterausschüsse genügend Kaufverträge vorliegen. Diese Indizes sind – wie jeder Index – statistische Meßziffern, die nach spezifischen Methoden zu berechnen sind.

Unterschieden wird hierbei zwischen dem Preisindex für Bauland und für Hochbaukosten.

Die *Bodenpreis-Indexreihen* entstehen durch bundesweite Betrachtung und zeigen die Preisentwicklung von Bauland auf. Hierin spiegeln sich die „zeitbedingten Änderungen der allgemeinen Wertverhältnisse auf dem Grundstücksmarkt"[89] wider.

---

[88] vgl. Verordnung über wohnwirtschaftliche Berechnungen, a. a. O.
[89] Rössler/Langer/Simon, a.a.O., S. 93

Durch Vergleiche von Verkäufen vergleichbarer Grundstücke werden prozentuale Preistendenzen im Vergleich zu anderen Erhebungszeiträumen aufgezeigt.

Es ist jedoch Skepsis gegenüber den Baulandpreisindizes angebracht, da die meisten wohl intuitiv von den Sachverständigen der Gutachterausschüsse aufgestellt sind. Da allein schon die Lagequalitäten und die Zahl der im Erhebungszeitraum veräußerten Grundstücke stark schwanken können und damit die jeweiligen Indexzahlen verzerren, läßt sich eine wirkliche Preisentwicklung beim Bauland kaum erkennen.[90]

Beim Baukostenindex werden die Basisjahre 1913, 1914, 1938, 1950, 1958, 1962, 1970, 1976 und 1980 verwendet, wobei der Index jeweils 100 % beträgt.

Diese werden verwendet, um Gestehungskosten aus zurückliegenden Jahren auf das Preisniveau am Bewertungsstichtag umzurechnen.

Bei Altbauten wird normalerweise das Basisjahr 1913 angewandt, für Feuerkassenwerte immer das Jahr 1914. Um den ungeminderten Zeitwert zu erhalten, werden die preislichen Erfahrungssätze des Basisjahres auf den Baukostenindex des Bewertungszeitpunktes gerechnet. Hierzu wird die folgende Formel verwendet:

$$Zu = V \times E \times I/100$$

Zu = ungeminderter Gebäudezeitwert
V = Volumen des Gebäudes
E = Einstandspreis z.B. 1913
I = Index zum Bewertungszeitpunkt

Der Baupreisindex des Basisjahres 1913 bezog sich auf ein genau definiertes Haus.[91] Bei Veränderung der Indexreihen des Jahres 1958 wurden diese nun auf eine Mehrzahl unterschiedlicher Bauten unter Berücksichtung der üblichen Bauweisen bezogen.

---

[90] vgl. ebenda, S. 94
[91] Nach der alten Berechnung wurde als Indexhaus ein dreigeschossiges Reihenhaus mit Zweispännergrundriß mit 6 Wohnungen von je 60,0 m2 Wohnfläche zugrundegelegt.

Im Bewertungsvorgang ist anschließend die technische und wirtschaftliche Wertminderung eines Objektes zu berücksichtigen.

Die technische Lebensdauer wird bestimmt von den verwendeten Baustoffen, der Konstruktion, der Bauweise, der Nutzung, der Gebäudeunterhaltung und äußeren Einflüssen. Die Gebäudeerhaltung ist von besonderer Bedeutung, da einige Teile, wie Dachrinnen, Rohrleitungen und Heizungsanlagen, periodisch erneuert werden müssen, weil die Lebensdauer geringer ist als bei Außenwänden, Decken und Treppen.

Während im 19. Jahrhundert eine Lebenserwartung von 150 Jahren für Wohngebäude durchaus üblich war, mehren sich heute die Stimmen, die für die in gegenwärtig üblicher Bauweise errichteten Gebäude lediglich noch eine Gesamtlebensdauer von 40–80 Jahren in Ansatz bringen wollen. Üblicherweise wird eine Lebenserwartung von 80–100 Jahren berücksichtigt, wobei aber die Umstände des Einzelfalles zu berücksichtigen sind.

Die technische Gesamtlebensdauer ist entscheidend davon abhängig, ob notwendige Instandhaltungsmaßnahmen rechtzeitig durchgeführt werden.

Neben der technischen Wertminderung erfaßt man auch die wirtschaftliche Wertminderung bei Gebäuden. Diese kennzeichnet sich durch:

a) zeitgemäßen Bedürfnissen nicht mehr entprechendem, un wirtschaftlichem Aufbau (z.B. Grundriß, Geschoßhöhe, Raumtiefe, Konstruktion etc.)

b) zeitbedingte oder persönliche Baugestaltung

c) ein Zurückbleiben hinter den allgemeinen Anforderungen an gesunde Wohn- und Arbeitsverhältnisse

d) sonstige die Nutzung oder die Restnutzungsdauer beeinflussende Umstände.

Die wirtschaftliche Lebensdauer wird durch die Nutzungsdauer bestimmt. Solange eine wirtschaftliche Nutzung möglich ist, wird die technische Gesamtlebensdauer nicht von der wirtschaftlichen Nutzungsdauer beeinträchtigt. Von Bedeutung ist dabei, ob die Baulichkeiten nur eine spezielle Nutzung zu-lassen oder ob gegebenenfalls Umnutzungen möglich sind. Wohnungen im 17. Stock eines Gebäudes in

Berlin-Gropiusstadt werden immer nur zu Wohnzwecken nutzbar sein, während ehemalige Fabriketagen, die heute zu Wohnzwecken vermietet sind, u.U. erheblich höhere Erträge erbringen als die frühere gewerbliche Nutzung oder umgekehrt. Insgesamt ist festzustellen, daß sich sowohl die technische als auch die wirtschaftliche Lebenserwartung durch den Einsatz neuerer Baustoffe und Methoden unter Hinwendung zu spezifischer Nutzung zunehmend verringern.

* Umnutzung berücksichtigen

Die sogenannte „merkantile Wertminderung" ist ein subjektiver Faktor, der zur wirtschaftlichen Wertminderung führen kann. Sie ist zwar kein unmittelbarer Anlaß, wird aber von der Masse der Käufer als solche empfunden und läßt sich, abhängig von Gefühl und Befürchtungen, nur schätzen. Dies trifft z.B. bei der Beseitigung eines Schadens zu, wobei der potentielle Käufer befürchtet, daß dieser trotz umfangreicher Arbeiten wiederkehren könnte.

Nach der Festlegung der Gesamtlebensdauer bzw. der Restnutzungsdauer ist die Wertminderung als Prozentsatz des ungeminderten Zeitwertes von diesem in Abzug zu bringen, um den tatsächlichen Zeitwert zu erhalten. Um den prozentualen Betrag der Wertminderung festzustellen, wird der ungeminderte Zeitwert periodisch auf die erwartete Gesamtlebensdauer verteilt. Unter Periode versteht man im allgemeinen das Rechnungsjahr.

* Wertminderung periodisch anzusetzen

Die Baulichkeiten unterliegen durch Alter und Abnutzung dem Wertverzehr. Daher ist bei älteren Gebäuden vom Gebäudenormalherstellungswert eine Absetzung für Wertminderung wegen Alters vorzunehmen, die Abschreibung. Diese ist von zwei Faktoren abhängig:
– dem Alter des Gebäudes zum Zeitpunkt der Bewertung;
– der Gesamtlebenserwartung des Gebäudes.

Die Verteilung kann linear, degressiv oder progressiv erfolgen. Bei Bewertungen für steuerliche Zwecke ist immer eine lineare Abschreibung vorgeschrieben, während sonst ein progressiver Verlauf der Wertminderung angenommen wird. Dies wird dadurch begründet, daß der Gebäudewertverlust in der Anfangszeit geringer sei und mit zunehmendem Alter ansteige. Einen Nachweis hierfür gibt es allerdings bisher nicht.

* Steuerlich nur lineare Abschreibung

Die heute bei normaler Instandhaltung gebräuchlichste Wertminderungstabelle wurde von F.W. Ross vor mehr als 100 Jahren entwickelt und auch in die Wertermittlungsrichtlinien (Wert R 76) vom 31. Mai 1976 übernommen. Sie errechnet sich aus der sog. Gewehrkugelfallformel:

$$W = \left(\frac{1}{2} \times \left(\frac{A^2}{D^2} + \frac{A}{D} \right) \right) \times 100$$

W = Wertminderung in v.H.
A = Gebäudealter
D = Gebäudelebensdauer

In den Fällen, wo übliche Tabellen nicht ausreichen, ist es zweckmäßig, die Restnutzungsdauer zu veranschlagen, eine übliche Gesamtlebensdauer zu schätzen und so den Abschreibungssatz zu ermitteln.

Nach der Wahl der Abschreibungszeit, der Restnutzungsdauer und der Reduzierung des ungeminderten Zeitwertes um die Wertminderung, d.h. die Abschreibungssumme, erhält man den Gebäudenormalherstellungswert, wobei allerdings noch Baunebenkosten, wie Architekten- und Ingenieurkosten etc., zu berücksichtigen sind.

Neben dem Alter eines Gebäudes ist dessen baulicher Zustand für die Ermittlung des Sachwertes von großer Bedeutung, da Baumängel und Bauschäden den technischen Wert und die Gesamtlebensdauer eines Gebäudes ganz erheblich beeinflussen.

Sind Baumängel vorhanden, so ist hierfür ein weiterer Betrag als Minderung in Abzug zu bringen, um die veranschlagte Lebensdauer zu gewährleisten. Baumängel sind z. B. fehlende oder ungenügende Schall- und Wärmedämmungen oder Feuchtigkeitsabdichtungen, ungeeignete Baustoffe, mangelnde statische Festigkeiten etc. Sie sind aber nur zu berücksichtigen, wenn sie über das altersgemäß übliche vorhandene Maß hinausgehen und nicht bereits bei der Alterswertminderung in Anschlag gebracht wurden.[92]

---

[92] Bauschäden sind dagegen die aufgrund von Mängeln eintre tenden Folgen wie Schadenersatzleistungen, Preisminderungen, Nachbesserungsaufwendungen etc. Soweit in den Richtlinien der Begriff „Schäden" Verwendung findet, sind regelmäßig nur Mängel gemeint. vgl. Richtlinien für die Wertermittlung des Verkehrswertes von Grundstücken, a. a. O.

Der um den Betrag der Wertminderung wegen Baumängeln geminderte Herstellungswert ergibt den gekürzten Gebäudenormalherstellungswert.

2.4 Der Vergleichswert

Dieser Wert wird von Gutachterausschüssen durch statistische Auswertung von Kaufpreisen vergleichbarer Objekte ermittelt und stellt ohne Zweifel die marktgerechteste Methode zur Ermittlung des Verkehrswertes dar. „Das Vergleichswertverfahren ist auch eine von der Rechtsprechung anerkannte Schätzungsmethode."[93]

Dominierend ist dieses Verfahren in den Bereichen der Bewertung von Eigentumswohnungen und bei der Ermittlung des Bodenwertes bebauter und unbebauter Grundstücke. Es tritt jedoch die Schwierigkeit auf, daß wegen der häufig fehlenden Vergleichbarkeit bebauter Grundstücke die erforderlichen Vergleichspreise nicht vorhanden sind. Um wenigstens alle Grundstücksverkäufe zu registrieren, sind nach § 193 des BauGB[94] alle Kaufverträge in sog. Kaufpreissammlungen zu erfassen. Die erwähnten Gutachterausschüsse führen diese Kaufpreissammlungen und werten sie aus. Diese Auswertung wird periodisch veröffentlicht in Form der Bodenrichtwertkarten, in denen für einzelne Lagen nach den dort vorgekommenen Verkäufen Bodenrichtwerte festgesetzt werden.

Die praktische Bedeutung dieser Richtwerte ist deshalb so groß, weil sie einerseits leicht zugänglich sind und andererseits eine gute Übersicht über die Preisverhältnisse geben.

Vergleichsgrundstücke sollen nach Lage, Art und Maß der baulichen Nutzung, Bodenbeschaffenheit, Größe, Grundstücksgestalt und Erschließungszustand sowie nach Alter, Bauzustand und Ertrag der baulichen Anlagen einen Vergleich zulassen. Darum sollen Kaufpreise, von denen anzunehmen ist, daß sie nicht im gewöhnlichen Geschäftsverkehr zustandegekommen sind oder durch ungewöhnliche

---

[93] Rössler/Langner/Simon, a. a. O., S. 26
[94] vgl. Baugesetzbuch (BauGB), a. a. O.

oder persönliche Verhältnisse beeinflußt worden sind, „bereinigt" werden, d. h. sie dürfen zum Preisvergleich nur herangezogen werden, wenn die Auswirkung ihrer Besonderheiten auf den Preis erfaßt werden kann.

Dazu kommt, daß es sich bei den unbebauten Grundstücken meistens um spezielle Lagen und Zuschnitte handelt, die keine Verallgemeinerung zulassen. Die sich hier ergebenden Preise sind daher nicht ohne weiteres zu übernehmen.

Die Auswertung von Kaufpreisen trifft in innerstädtischen Bereichen auf eine Problematik. Hier ist der Umsatz an unbebauten Grundstücken vernachlässigbar gering, zudem werden bei Verkäufen von bebauten Grundstücken keine Angaben über den erzielten Bodenpreis gemacht. Daher erfolgt die Ermittlung der Vergleichswerte mit Hilfe statistischer Methoden, was u.U. zu Verzerrungen führt. Nach den Ausführungen des Gutachterausschusses in Berlin sind hier im innerstädtischen Bereich die Bodenrichtwerte für gemischte Gebiete und allgemeine Wohngebiete der Baustufen IV/3 und V/3 überwiegend aus Kaufpreisen unbebauter Grundstücke mit Baulücken-Eigenschaft abgeleitet worden.[95]

Einschränkend wird aber ausgeführt:

*„Der Bodenrichtwert (...) berücksichtigt nicht die besonderen Eigenschaften einzelner Grundstücke. Der Bo*denrichtwert berücksichtigt im Gegensatz zum Verkehrswert nicht die Abweichungen der wertbestimmenden Merkmale einzelner Grundstücke. Dies gilt insbesondere hinsichtlich Verkehrs- bzw. Geschäftslage, Art und Maß der baulichen Nutzung, Grundstücksgestalt, Größe, Bodenbeschaffenheit, Erschließung, mit dem Grundstück verbundener werterhöhender Rechte oder wertmindernder Belastungen."[96]

Alle diese Verfahren dienen folglich nur als Hilfsverfahren zur Bestimmung des Verkehrswertes.

---

[95] vgl. Bodenrichtwerte 31.12.1988, Senatsverwaltung für Bau- und
   Wohnungswesen V - 1989, Berlin 1989, Vorwort
[96] ebenda

2.5 Sonstige Grundstücks- und Gebäudewerte

Außer beim Verkehrswert als aktuellem Marktdatum sind Wertermittlungen vor allem steuerlich und für die Kreditwirtschaft als langfristige Aussagen von Bedeutung. Zunächst zum Beleihungswert.

Während der Verkehrswert ein aktueller Wert ist, der durch den zum Bewertungszeitpunkt auf dem Markt erzielbaren Preis ausgedrückt wird, handelt es sich beim Beleihungswert um einen „Dauerwert". Dieser soll auch bei einer evtl. späteren Verwertung des Beleihungsobjektes realisierbar sein. Von Einzelfällen abgesehen, wird also der Beleihungswert der um einen Sicherheitsabschlag verminderte Verkehrswert sein. Bei der nachfolgenden Betrachtung der Verfahren wird auf diesen Abschlag näher eingegangen. Zunächst schreibt das Hypothekenbank-Gesetz (HGB) in der Fassung von 1963 in § 12:

„Der bei der Beleihung angenommene Wert des Grundstücks darf den durch sorgfältige Ermittlung festgestellten Verkaufswert nicht übersteigen. Bei der Feststellung dieses Wertes sind nur die dauernden Eigenschaften des Grundstücks (...) zu berücksichtigen".[97]

Der Verkaufswert kann hier mit dem Verkehrswert gleichgesetzt werden. Dieses Gesetz gilt zwar unmittelbar nur für die privaten Hypothekenbanken, aber die übrigen Gläubigergruppen im langfristigen Realkreditgeschäft, die Sparkassen, die Versicherungen, die öffentlich-rechtlichen Kreditinstitute usw., lehnen sich mehr oder weniger eng an die Vorschriften des HBG an.[98]

Durch die Notwendigkeit der langfristigen Kreditsicherung bedingt, darf der Verkaufswert für Beleihungszwecke „nur insoweit herangezogen werden, als er auf den dauernden Eigenschaften des Grundstücks und auf dem nachhaltigen von jedem Besitzer bei ordnungsgemäßer Bewirtschaftung erzielbaren Ertrag aus diesem Grundstück beruht."[99] Unter den „dauernden Eigenschaften" sind nur die sicheren

---

[97] Hypothekenbankgesetz in der Fassung vom 5. Februar 1963, BGBl. I S. 81, S. 368, § 12
[98] vgl. Rüchardt, K.: Bewertung und Krediturteil, in: Steffan, F.: Handbuch des Realkredits, a. a. O., S. 459 ff.
[99] ebenda

langfristigen Merkmale und die nachhaltigen Erträge, die ver-gleichsweise angemessen und langfristig realisierbar sind, zu verstehen.

Für die Feststellung des Beleihungswertes wird sowohl vom Dauerertrags- als auch vom Sachwert ausgegangen. Das sog. Mittelwertverfahren, das die Ermittlung beider Werte voraussetzt, findet „erfreulicherweise immer weniger Verwendung".[100] Vielfach wird auch der Verkehrswert der Ermittlung zugrundegelegt.

Die Ermittlung ist jedoch nicht einheitlich geregelt, so daß die Kreditinstitute jeweils eigene Ermittlungsvorschriften in ihren Beleihungsgrundsätzen berücksichtigen.

• Kreditinstitute berücksichtigen eigene Grundsätze

Werden also bei einer Finanzierung mehrere Kreditinstitute tätig, führen diese unterschiedlichen Wertermittlungsanweisungen meistens zu stark voneinander abweichenden Werten für das gleiche Objekt. Dies wird verständlich, wenn man die beiden hauptsächlich angewandten Verfahren näher betrachtet.

• Abschlagsverfahren vorgeschrieben

Die Mehrzahl der Kreditgeber schreibt ein Abschlagsverfahren vor, bei anderen sind sowohl das Abschlags- wie auch das normale Sachwertverfahren, hier als Indexverfahren bezeichnet, gebräuchlich. Die Deutsche Centralboden-Kredit AG läßt z. B. beide Verfahren gleichberechtigt zu. Das hier gebräuchliche Indexverfahren unterscheidet sich von dem üblichen Sachwertverfahren nur dadurch, daß hier die Anwendung eines Index vorgeschrieben ist, der zwischen 40 und 60 % unter dem amtlichen und ortsüblichen Bauindex liegt. Tabelle 6[101] zeigt für eine Reihe von Jahren die Indexzahlen der Sparkassen und die des Statistischen Bundesamtes.

• Abschlagsverfahren paßt sich kontinuierlich an die Marktentwicklung an

Die Indexhöhe wird von den jeweiligen Aufsichtsgremien bestimmt, so daß bei den einzelnen Instituten u. U. Differenzen auftreten. „Beispielsweise war für die Hypothekenbanken noch lange ein Index von 250 % gegenüber 1913 bindend, als die Spar- und Bausparkassen schon längst mit einem Index von 300 % rechnen konnten."[102]

---

[100] Rössler/Langner/Simon, a.a.O., S. 446

[101] Klocke, W.: Beleihungswert und Verkehrswert, in: Wertermittlung von Grundstücken, Bundesarchitektenkammer, Bonn 1979, S. 10

[102] Rückhardt, a. a. O., S. 481

Tabelle 6.

Jahr		Index %	Stat.	Bundesamt
	1914	= 100		
Frühjahr	1951	= 180	290	(+ 61 %)
Herbst	1955	= 200	316	(+ 58 %)
Frühjahr	1959	= 250	365	(+ 46 %)
Herbst	1961	= 300	422	(+ 41 %)
Frühjahr	1964	= 350	503	(+ 44 %)
Sommer	1966	= 400	542	(+ 36 %)
Frühjahr	1970	= 500	680	(+ 36 %)
Frühjahr	1972	= 600	801	(+ 34 %)
Jahresanf.	1976	= 700	977	(+ 40 %)
Frühjahr	1978	= 750	1086	(+ 45 %)
Sommer	1979	= 825	1200	(+ 45 %)

Da die Indexhöhen aber nicht flexibel genug handhabbar waren, um der jeweiligen Marktsituation gerecht zu werden, wurde nach 1961 zunehmend das sog. Abschlagsverfahren angewandt. Hierbei wurde von den ermittelten angemessenen Herstellungskosten ein Abschlag gemacht, der bei Sparkassen z. B. 25 % beträgt.

Der Vorteil der Abschlagsmethode ist, daß der hier ermittelte Sachwert sich ständig an die Entwicklung der Baupreise und des Immobilienmarktes anpaßt und nicht erst jeweils eine Neufassung des zulässigen maximalen Bauindex durch die Aufsichtsbehörden erfordert.

In den letzten fünf Jahren findet zunehmend das normale Sachwertverfahren nach den WertV Anwendung. Dies ist dadurch möglich, daß in viele Beleihungsrichtlinien die Vorschrift aufgenommen wurde, einen nach den WertV ermittelten Verkehrswert bei der Ermittlung des Beleihungswertes zu berücksichtigen.[103]

Insgesamt ist die Ermittlung des Sachwertes sehr undurchsichtig geworden und erfordert für jedes Institut das Studium der geltenden Ermittlungsvorschriften. Geradezu einfach im Verhältnis zu den diversen Sachwertermittlungsmöglichkeiten ist das bei Beleihungswerten gebräuchliche

---

[103] vgl. Landzettel, a. a. O., S. 53

Ertragswertverfahren, das schon aus der Zeit vor dem Ersten Weltkrieg bekannt ist.

Wird das Ertragswertverfahren dem Beleihungswert zugrundegelegt, wird von der Jahresbruttomiete zunächst ein pauschalierter Bewirtschaftungskostenabzug vorgenommen, der meist zwischen 20 und 40 % liegt. Die so ermittelte Jahresnettomiete wird mit 5 % kapitalisiert und ergibt den Ertragswert. Hierzu das nachfolgende Beispiel:

Monatsbruttomiete	=	1.185,60 DM
Jahresbruttomiete	=	14.227,00 DM
Bewirtschaftungskosten = 25 %	=	3.557,00 DM
Jahresnettomiete	=	10.670,00 DM
Kapitalisiert mit 5 %	=	213.400,00 DM
Ertragswert	=	213.400,00 DM

Bei einem Objekt, bei dem der Bodenwert im Vergleichswertverfahren, der Bauwert nach dem Abschlagsverfahren und der Ertragswert nach dem vorstehenden Kapitalisierungsverfahren ermittelt wurden, ergibt sich der Beleihungswert als Mittelwert wie folgt:

Bodenwert	=	154.200,00 DM
Bauwert	=	212.300,00 DM
Bauwert um 25 % reduziert	=	159.200,00 DM
Ertragswert	=	213.400,00 DM
Summe	=	526.800,00 DM
Mittelwert	=	263.400,00 DM
Beleihungswert = Mittelwert	=	263.400,00 DM

Die hier geforderte Mittelwertbildung „führt zu einem ‚Retortenwert‘, der in keiner Relation zum Verkehrswert"[104] steht.

Zusammenfassend kann festgestellt werden, daß bei der Ermittlung des Beleihungswertes von starren Abschlägen und Indizes ausgegangen wird, die entweder zu realitätsfremden Ergebnissen führen oder, was häufige Praxis ist, manipuliert werden.

----

[104] Klocke, a. a. O., S. 10

2.5.1 Steuerliche Werte

Die Notwendigkeit, den Begriff des Verkehrswertes einzuführen, ergab sich aus dem Sachverhalt, daß der gemeine Wert zunehmend für steuerliche Zwecke Verwendung fand. Die Festsetzung einer Steuer setzt eine bestimmte Bemessungsgrundlage voraus, die bei den einzelnen Steuern durchaus verschieden sein kann und ist.

Nach dem heutigen Bewertungsgesetz (BewG) vom 26.09.1974 ist in erster Linie ein Ertragswertverfahren vorgesehen.[105] Das BewG sieht für Werte, die gleichzeitig für mehrere Steuern als Bewertungsgrundlage dienen sollen, den Ausdruck „Einheitswert" vor.

„Einheitswert bedeutet einheitlicher Wert als Grundlage für verschiedene Steuern."[106]

So bemißt sich beispielweise die Einkommenssteuer nach dem erzielten Einkommen und die Vermögensteuer nach dem Gesamtvermögen oder dem Inlandsvermögen. Sollen Wirtschaftsgüter (Boden und Gebäude) als Bemessungsgrundlage für Steuern dienen, muß ihr „Wert in Geld"[107] festgestellt werden.

Die Ermittlung des Einheitswertes kann bei verschiedenen Steuerarten unterschiedlich sein, so daß evtl. zwei verschiedene Werte ermittelt werden. Der jeweilige Einheitswert wird durch einen „Feststellungsbescheid" mitgeteilt und ist nicht an die Person des Eigentümers, sondern an das Objekt gebunden.

Die Einheitswerte werden für bestimmte Stichtage, die Hauptfeststellungszeitpunkte, ermittelt. Die für die alten Bundesländer generelle Hauptfeststellung der Einheitswerte des Grundbesitzes ist erstmals zum 1. Januar 1964 durchgeführt worden. Zwar bleiben diese Werte normalerweise bis zur nächsten Hauptfeststellung unverändert bestehen, jedoch werden Änderungen durch eine zwischenzeitliche Fortschreibung erfaßt.

Fortschreibungen erfolgen als Wertfortschreibungen, z.B. bei Investitionen in das Objekt oder als Artfortschreibungen

---

[105] vgl. Brückner, a. a. O., S. 1/7
[106] Rössler/Langner, a. a. O., S. 243
[107] ebenda, S. 243

• Bei Industriebetrieben erfolgt alle sechs Jahre eine Fortschreibung des Einheitswerts

bei Nutzungsänderungen. Bei Industriebetrieben z.B. ist zumeist in einem sechsjährigen Turnus eine Fortschreibung vorzunehmen, um den geänderten Produktionsweisen Rechnung zu tragen.

Bewertet wird das Grundvermögen, das z. B. auch Betriebsgrundstücke etc. einschließt. Es umfaßt den Grund und Boden, die Gebäude, sonstige Bestandteile und Zubehör. Ein Gebäude ist dann als Bauwerk anzusehen, wenn es:

„1. Menschen oder Sachen durch räumliche Umschließung Schutz gegen äußere Einflüsse gewährt,

2. den Aufenthalt von Menschen gestattet,

3. fest mit dem Grund und Boden verbunden sowie

4. von einiger Beständigkeit und

5. ausreichend standfest ist."[108]

• Betriebsvorrichtungen gehören nicht zur Bewertungseinheit

Eine Einheitsbewertung bezieht sich immer auf eine abgegrenzte „wirtschaftliche Einheit", die durch den Umfang des Bewertungsgegenstandes, d. h. der Bewertungseinheit, bestimmt wird. Nicht in die Einheitsbewertung des Grundvermögens einbezogen werden die Betriebsvorrichtungen. Zu den Betriebsvorrichtungen werden Anlagen gerechnet, die in besonderer und unmittelbarer Beziehung zu einem auf dem Grundstück ausgeübten Gewerbebetrieb stehen und durch die das Gewerbe unmittelbar betrieben wird.

• Bebauungsart entscheidet über die Wertermittlung

Bei der Bewertung ist zunächst zu unterscheiden zwischen bebauten und unbebauten Grundstücken. Unbebaute Grundstücke werden nach dem gemeinen Wert veranschlagt. Dieser ist grundsätzlich aus Kaufpreisen vergleichbarer Grundstücke abzuleiten. Die Umstände des Einzelfalles werden durch Zuoder Abschläge gesondert berücksichtigt. Bei den bebauten Grundstücken werden sechs Grundstücksarten unterschieden:

1. Mietwohngrundstücke

2. Geschäftsgrundstücke

3. gemischt genutzte Grundstücke

4. Einfamilienhäuser

5. Zweifamilienhäuser

6. sonstige bebaute Grundstücke

---

[108] ebenda, S. 256 f.

Jedes bebaute Grundstück ist einer dieser sechs Grundstücksarten zuzurechnen. Das BewG sieht für bebaute Grundstücke die Bewertung entweder nach dem Ertragswertverfahren oder nach dem Sachwertverfahren vor. Das Ertragswertverfahren tritt hier an Stelle des bis dahin gültigen Rohmietenverfahrens, das über 100 Jahre Gültigkeit hatte.

Obgleich es diese Verfahren in der steuerlichen Bewertung gibt, sind sie nach Inhalt und den vorgesehenen Wertfestsetzungen nicht mit denen der WertV oder WertR zu identifizieren.

Die angeführten Grundstücksarten 1 – 5 sind nach dem Ertragswertverfahren zu bewerten, die sonstigen bebauten Grundstücke nach dem Sachwertverfahren. Darüber hinaus ist das Sachwertverfahren anzuwenden für Grundstücke, für die weder eine Jahresrohmiete ermittelt noch eine übliche Miete geschätzt werden kann. Hierbei handelt es sich um Fabrikgrundstücke, Werkstätten, Theater, Kliniken, Bankgebäude, Hallenbäder und ausgesprochene Luxusbauten.

Auch nach dem neuen Ertragswertverfahren wird der Grundstückswert durch eine Vervielfachung der Jahresrohmiete ermittelt. Dieser Wert wird bei einer außergewöhnlichen Grundsteuerbelastung noch bis zu 10 % ermäßigt oder erhöht, je nach örtlicher Lage.

Liegen weitere wertbeeinflussende Umstände vor, die bei der Jahresrohmiete und dem Vervielfältiger nicht berücksichtigt worden sind, wird eine weitere Korrektur vorgenommen. Der eigentliche Unterschied zu der früheren Regelung besteht darin, daß die Vervielfältiger nicht aus Kaufpreisen abgeleitet werden, sondern daß hier Reinerträge zugrundegelegt werden, bei denen pauschalierte Bewirtschaftungskosten und durchschnittliche Bodenertragsanteile berücksichtigt werden.[109]

Die hier angegebenen Rohertragsvervielfältiger beinhalten also pauschale Bewirtschaftungs- und Bodenertragsteile. „Gebäudewert, Bodenwert und Wert der Außenanlagen werden also nicht wie bei dem in reiner Form durchgeführten Reinertragswertverfahren getrennt ermittelt und dann

---

[109] vgl. ebenda, S. 277

zusammengerechnet, sondern in einem Rechengang insgesamt erfaßt." [110]

Die Pauschalierung der wertbestimmenden Faktoren führt zu einer Vergrößerung des Verfahrens und hat zur Folge, daß die nach diesem Ertragswertverfahren ermittelten Einheitswerte weit unter den Verkehrswerten liegen.

Wie beim üblichen Sachwertverfahren werden hier die Werte getrennt ermittelt, wobei aber von den Herstellungskosten des Jahres 1958 ausgegangen wird, die auf den Index des Hauptfeststellungszeitpunktes umgerechnet werden.

Bei der Nutzungsdauer wird von der technischen Lebensdauer des Gebäudes ausgegangen, wobei für massive Wohngebäude 100 Jahre und für Fabrikgebäude 80 Jahre angesetzt werden.

* Steuerliche Bewertung des Sachwertes über Wertzahlen korrigiert

Der sich aus dem Bodenwert, Gebäudewert und Wert der Außenanlagen ergebende Ausgangswert wird als Besonderheit hier noch an den gemeinen Wert angeglichen. Diese Angleichung erfolgt über sog. Wertzahlen, die das Verhältnis zwischen dem gemeinen Wert und dem Sachwert ausdrücken sollen. Diese vorgeschriebenen Wertzahlen führen zu einer Reduzierung des Sachwertes von mindestens 15 % bei Warenhäusern als Nachkriegsbauten und höchstens 50 % bei dem öffentlichen Verkehr dienenden Grundstücken. Die übrigen nach dem Sachwertverfahren zu bewertenden Grundstücke liegen in dieser Spanne, bei Altbauten ist z. B. eine Wertminderung von 30 % anzusetzen. In diesem Fall ist der gemeine Wert schon prinzipiell nicht als Verkehrswert anzusehen, da die jeweilige aktuelle Lage auf dem Grundstücksmarkt sich – bedingt durch die starren Wertzahlen – nicht auswirkt. Dazu werden die Wertfortschreibungen nur bei gewerblichen Bauten turnusmäßig vorgenommen, so daß die Einheitswerte regelmäßig unter den Verkehrswerten liegen.

* Gebäudeabnutzung steuerlich bedeutend

Neben dem Einheitswert ist die Abschreibung wegen Abnutzung (AfA = Absetzung für Abnutzung) vor allem von steuerlicher Bedeutung.

Hierbei ist auch der Bodenwert des bebauten Grundstückes von Bedeutung. Die AfA kann nämlich nicht für Grund und Boden abgesetzt werden, da dieser ein Dauer-

____

[110] ebenda, S. 278

wert bleibt, sondern nur vom Gebäudewert. Um den Erfordernissen der §§ 6 und 7 EStG zu entsprechen, muß für die Inanspruchnahme der AfA das einheitliche Wirtschaftsgut (Grundstück mit darauf errichtetem Gebäude) aufgeteilt werden.

Als Bemessungsgrundlage kommen daher grundsätzlich nur die Anschaffungs- oder Herstellungskosten in Betracht, wobei der Gesetzgeber davon ausgeht, daß diese auf die Jahre der Nutzungsdauer verteilt werden.

Die Finanzämter ermitteln gewöhnlich in der Weise, daß sie vom Kaufpreis oder den Gesamtherstellungskosten den Wert eines unbebauten Grundstückes vergleichbarer Art abziehen. Jedoch wird es immer zu Auseinandersetzungen kommen, da der Steuerschuldner daran interessiert ist, daß der Gebäudewert möglichst hoch angenommen wird.

Laut BFH mit Urteil vom 15.10.1965 – VI 134/65 U (BStBl 1965 III, S. 720) – „kommt klar zum Ausdruck, daß Bodenwert und Gebäudewert ihren angemessenen Anteil am Gesamtwert des Grundstückes erhalten sollen."[111] In den Fällen, bei denen der Verkehrswert und die Summe aus dem Bodenwert eines Vergleichgrundstückes und dem Gebäudesachwert nicht gleich sind, muß in anderer Weise ermittelt werden. Baugrund und Gebäude bilden also nicht selbständige Bestandteile eines bebauten Grundstückes, sondern stehen in Wechselbeziehungen. Man muß daher untersuchen, in welchem Wertverhältnis die beiden zueinander stehen. Das im Bauzeitpunkt vorhandene Verhältnis ändert sich aber während der Lebensdauer des Gebäudes durch Alterung. Es erhöht sich daher also der Anteil des Bodenwertes.

Der gesuchte Anteil des Bodenwertes am Gesamtwert läßt sich mit Hilfe der nachstehend aufgeführten Formel für den Bewertungsstichtag wie folgt errechnen:

$$p_n = \frac{100\ p_o}{100 - 0,01\ t_n \times (100 - p_o)}$$

p_n = Anteil des Bodenwertes am Stichtag

n = Gesamtalter in Jahren

t_n = Wertminderung

p_o = Anteil des Bodenwertes im Bauzeitpunkt

---

[111] Gerardy, a. a. O., S. 512

Hierzu ein Beispiel von T. Gerardy:[112]

„Der Anteil des Bodenwertes am Gesamtwert habe bei der Bebauung vor 40 Jahren rund 20% betragen, wie sich aus den tatsächlichen Bau- und Grundstückskosten oder mit Hilfe der Lageklassentabelle[113] ergeben haben möge. Heute muß dann der Anteil des Bodenwertes, wenn man als t_n den Wert aus Anlage 6 WertR = 28% zugrundelegt,

$$p_n = \frac{100 \times 20}{100 - 0,01 \times 28 \times (100 - 20)}$$

betragen. Wenn der errechnete Gesamtwert (z.B. im Ertragswertverfahren ermittelt) 300.000,00 DM beträgt, ist der Bodenwertanteil

$$\frac{300.00,- \times 25,8}{100} = 77.400,00 \text{ DM }“$$

Hierbei handelt es sich tatsächlich um rein theoretische Verfahren. Zu einer sachgerechten Aufteilung sind diese aber dienlich, wobei insbesondere der Aufteilungszweck für zumeist steuerliche Anlässe im Vordergrund steht.

2.6 Kritik

Das vorstehend beschriebene praktische Instrument der Grundstücks- und Gebäudebewertung wurde in den vergangenen Jahrzehnten zunehmend weiter und besser entwickelt und den Erfordernissen angepaßt. Beispielhaft ist hier auf die Änderung der Wertermittlungsverordnung (WertV) im Jahre 1988 hinzuweisen mit der Hinwendung zum Vergleichswertverfahren, d.h. dem zunehmenden Ansatz von Vergleichspreisen.

Wie aber auch der Inhalt dieser Entwicklung zeigt, sind die klassischen Verfahren zunehmend als ungenügend für die heutigen Anforderungen an die differenzierteren Bewertungsfälle, die höheren Risiken und die spezialisierteren Märkte sowie den zunehmenden Wettbewerb bei den Kreditgebern, den Investoren und den insgesamt komplexeren Zusammenhängen anzusehen.

---

[112] ebenda, S. 517
[113] vgl. ebenda, S. 280 und 515

Ein Hauptkritikpunkt ist dabei neben der vergangenheitsbezogenen Betrachtungsweise auch das Abstellen auf die im Bewertungszeitpunkt bestehenden Nutzungsverhältnisse, wobei es aber wesentlich auf die künftig realisierbaren Nutzungserfolge ankommt, da die künftigen Erträge die Bedeutung für den Investor ausmachen. Eine weitere Anforderung an die Grundstücksbewertung ist zudem die Beurteilung von Entscheidungsvorschlägen für alternative Investitionsentscheidungen, soweit diese im Zusammenhang mit bebauten oder unbebauten Grundstücken stehen. Da sich auch in der praktischen Arbeit das bestehende Instrumentarium als unzureichend oder zumindest als zu unbestimmt erweist – und die neuen Länder sind dafür Beispiele, auf die noch eingegangen wird –, bleibt zu klären, inwieweit die betriebswirtschaftlichen Bewertungsverfahren Ansätze für die Grundstücks- und Gebäudebewertung bieten und herangezogen werden können.

 3 Grundzüge des Bewertungswesens der Betriebswirtschaftslehre und entscheidungstheoretische Ansätze

Parallel zur Entstehung und Entwicklung der Verfahren in der Grundstücks- und Gebäudebewertung vollzog sich die Entwicklung von Verfahren zur Bewertung ganzer Unternehmen mit dem Entstehen der modernen Betriebswirtschaft im 18. Jahrhundert. Es entstand eine objektivistische Wert- und Preislehre, die auch eine Wertlehre implizierte. Über Pareto und Walras, die Gossenschen Gesetze bis heute entwickelte sich eine subjektivistische Wertlehre, die gleichfalls Bedeutung erlangte.

Nachfolgend wird auf die Entwicklung der Werttheorie eingegangen, bevor analog zum vorhergehenden Bereich die Entwicklung der praktischen Bewertungsverfahren in dem themengerechten Umfang dargestellt wird.

Die Erkenntnisse der betriebswirtschaftlichen Lehre können auch zur Grundstücks- und Gebäudebewertung herausgezogen werden. Das entscheidungstheoretisches Grundmodell sowie die vorhergehende Nutzendiskussion werden dabei zugrunde gelegt.

3.1 Das Wertphänomen in der Betriebswirtschaft

Das Wertphänomen ist die Erscheinung des Wertbegriffes in unserer Vorstellung. Erscheinungen sind dabei Ergebnisse von Vorverständnissen der Betrachter. Diese verhindern eine vorurteilsfreie Bestimmung des Wertbegriffs.

Die Einigung ist die interessenausgleichende Funktion bei der Feststellung der Höhe des Äquivalenten im Rahmen einer Grundstückseigentumsübertragung. Soziologisch nimmt das Wertphänomen hier den Weg über das Bewußtsein, ohne den Nachweis der tatsächlichen, wirtschaftlichen oder einer anderen Angemessenheit führen zu müssen.

Die befriedende Funktion im Rahmen der soziologischen Diskussion erfüllt das Wertphänomen nur dauerhaft bei rationaler Nachvollziehbarkeit der zugrundeliegenden Prämissen. Die Anlässe zur Kanalisierung des Wertphänomens ergeben sich aus dem Bedarf nach Bestimmung der wirtschaftlichen Austauschbeziehungen. Aus diesem Grunde befassen sich vor allem die Wirtschaftswissenschaften mit der methodischen Erfassung der begriffsbildenden Prämissen für die Erfassung oder Bestimmung des Wertbegriffes. In der modernen Betriebswirtschaftslehre wird daher das Wertphänomen als Anlaß zur Bestimmung von Entscheidungsalternativen aufgefaßt, als Aufgreifkriterium.

3.2 Historische Entwicklung der Werttheorie

Die historische Entwicklung der Werttheorie ist seit dem Beginn unserer Geschichtsüberlieferungen nachweisbar.

Im Rahmen von wissenschaftlichen Arbeiten wurden schon zu Zeiten der griechischen Stadtstaaten Begriffe wie der „subjektive" Gebrauchswert und der „objektive Tauschwert" behandelt.[114]

Bereits bei Aristoteles (384–322 v.Chr.) finden wir „Ansätze der Wert- und Preistheorie, wenn er Gebrauchswert und Tauschwert unterscheidet und sogar eine Beziehung zwischen beiden Werten herzustellen versucht."[115] In der Folgezeit ging diese Unterscheidung verloren, und es blieben vornehmlich die normativen Elemente seiner Lehre erhalten.

Für Aristoteles bildet der subjektive Gebrauchswert, entsprechend dem Bedürfnis des Einzelnen, die Grundlage des Wertes.

Die von Albertus Magnus (1193–1280) und Thomas von Aquin (1225–1274) entwickelte (scholastische) Wertlehre

---

[114] vgl. Handwörterbuch der Sozialwissenschaften, Hrsg. von Beckerath, Bente u. a., 11. Band, Göttingen 1961, S. 643

[115] Hansmeyer, K.-H.: Lehr- und Methodengeschichte in: Kompendium der Volkswirtschaftslehre, Hrsg. von W. Ehrlicher u. a., Bd. 1, Göttingen 1973, S. 468

setzt dagegen einen stärkeren Akzent auf den objektiven Tauschwert. „Dieser müsse so bemessen sein, daß gleiche Mengen an Arbeit und Kosten gegeneinander ausgetauscht werden."[116]

Bei Nikolaus Oresmius (1320–1382), der die metallistische Geldlehre aufnimmt und sich erstmals von theologischen und ethischen Fragestellungen löst, um den empirisch-ökonomischen Problemen den Vorrang zu lassen, ist der Beginn einer selbständigen Wirtschaftslehre zu sehen.

Gegen Ende des Mittelalters befaßt sich die klassische Schule der Nationalökonomie weitgehend mit dem objektiven Wertbegriff.[117]

Für Adam Smith (1723–1790) gilt Arbeit als wahrer Maßstab des Tauschwertes aller Waren.[118] Der objektive Tauschwert läßt sich dann aus den Kosten der Herstellung der jeweiligen Güter ableiten, wobei – bezogen auf eine entwickelte Wirtschaft – noch Kapitalprofit und Grundrente hinzugerechnet werden müssen, also eine Produktionskostentheorie.[119]

David Ricardo (1772–1823) führt mit seiner Arbeitstheorie weiter den Wert des Kapitals auf die darin enthaltenen Arbeitsmengen zurück.[120] Ebenso wie bei Smith, der Grundrente und Kapitalzins als Kostenfaktor betrachtet, wird bei Ricardo nur noch das Kapital (Kapitalzins) berücksichtigt, wobei er nicht zwischen Kapitalzins und Unternehmerlohn unterscheidet.

Bei Karl Marx (1818–1883) wird die Arbeitswertlehre weiter entwickelt. Der Wert einer Ware wird hierbei nach den in ihr enthaltenen Arbeitsstunden bestimmt. Als Lohn erhält der Arbeiter den Wert der „durchschnittlich gesellschaftlich notwendigen Arbeitszeit".[121] Was darüber hinaus geleistet wird, ist der Mehrwert, den sich der Kapitalist aneignet.[122]

---

116 Müller, J. Heinz, in: Zeitschrift für Betriebswirtschaft 1975, 45. Jg. 1975, Wiesbaden, S. 604
117 ebenda, S. 605
118 vgl. Hansmeyer, a. a. O., S. 481
119 vgl. Handwörterbuch der Sozialwissenschaften; a. a. O., S. 644
120 vgl. ebenda
121 Hansmeyer, a. a. O., S. 488
122 vgl. ebenda

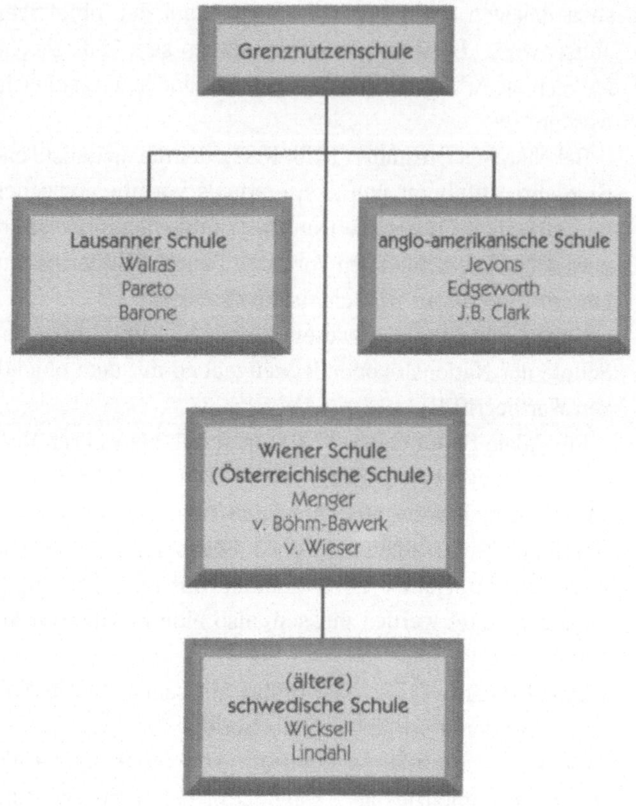

Abbildung 3

Gegen Ende des 19. Jahrhunderts beherrschte dann die Theorie des „Grenznutzens" die Diskussion.

3.2.1 Die Entwicklung der Grenznutzenschule

Innerhalb der Grenznutzenschule, der bis zum 1. Weltkrieg vorherrschenden wissenschaftlichen Meinung, können die in Abbildung 3 genannten Richtungen (mit ihren Hauptvertretern) unterschieden werden.[123]

Das Grenznutzenprinzip vertrat am reinsten die Wiener Schule (Österreichische Schule), die deshalb auch oft allein als Grenznutzenschule bezeichnet wird. Hier rückte die Wertung von Seiten des Wirtschaftssubjektes in den Vorder-

* Wiener Schule: Wirtschaftssubjekte haben Bedürfnisse, Objekte werden durch Nützlichkeit beschrieben

---

[123] Gabler Wirtschaftslexikon Bd. 1, 1-4, Wiesbaden 1983, Sp. 1871

grund. Dieses findet in seinem *Bedürfnis* seinen Ausdruck. Das zu bewertende Objekt wird dagegen durch seine *Seltenheit* und *Nützlichkeit* definiert (Menger, E. v. Böhm-Bawerk, F. V. Wieser).[124]

Beeinflußt von der Österreichischen Schule wurden die schwedischen Nationalökonomen K. Wicksell (vor allem auf Böhm-Bawerk fußend) und E. Lindahl.

Hauptvertreter der Lausanner Schule waren Walras (1834–1910) und Pareto (1848–1923), wobei nur Walras der Grenznutzenschule zugerechnet werden kann. Die exakte mathematische Darstellung der allgemeinen Interdependenzen ist der Hauptverdienst der Lausanner Schule. Für diese diente die Wertlehre ausschließlich zur Erklärung von Preiserscheinungen. Nach Walras, der zwischen Tauschwert und „rareté" (Seltenheit) unterscheidet, entspricht der Wert eines Gutes dem eines anderen dagegen auszutauschenden oder ausgetauschten Gutes. Die Bedürfnisintensität eines Wirtschaftssubjektes (maßgebend für die rareté des Gutes) kann durch individuelle Indifferenzkurven (Nachfragekurven) ermittelt werden.

Vilfredo Pareto ersetzte dann die kardinale Nutzenschätzung von Walras durch eine ordinale Nutzentheorie, wonach der Konsument in der Lage sei, den Nutzen in festen Verhältniszahlen durch eine Ordinale anzugeben. Mit ihnen tritt an die Stelle der Grenznutzentheorie die Theorie der Wahlakte.

„Die Bedeutung der anglo-amerikanischen Richtung liegt vor allem in der Übertragung des Grenzprinzips (Marginalprinzips) auf die Theorie der Produktion und der Einkommensverteilung."[125] Der Amerikaner Jevons (1835–1882) definiert den Tauschwert als das Tauschverhältnis zweier Güter: „das ist das umgekehrte Verhältnis der Grenznutzengrade der nach Vollzug des Tausches zum Verbrauch verfügbaren Gütermengen".[126]

J. B. Clark (1847–1938) führte auf dem Grenznutzen aufbauend zwei neue Begriffe in die Wertlehre ein. Einmal die Vorstellung vom „Grenzzuwachs", einem Zuwachs, den „das

• Lausanner Schule: eine mathematische Darstellung der Interdependenzen

• Kardinale Schätzung, ordinale Theorie

• Clark integriert den sozialen Wert in die Wertlehre

---

[124] vgl. Hansmeyer, a. a. O., S. 495
[125] Gabler Wirtschaftslexikon, a. a. O., Sp. 1872
[126] Handwörterbuch der Sozialwissenschaften, a. a. O., S. 647

Vermögen des (...) Wirtschafters durch Hinzufügung des Gutes erfährt (Hervorhebung d. Verf.)"[127] und „den Begriff eines sozialen Wertes der Güter, das die als Organismus gedachte Gesellschaft, nicht das Individuum, auf dem Markt ermittelt."[128] Hiernach hängt der Wert eines Gutes nicht von seinem Grenznutzen ab.

3.2.2 Die moderne Nutzentheorie

„Die objektivistische Wert- und Preislehre wurde in der zweiten Hälfte des 19. Jahrhunderts von der subjektivistischen Wertlehre abgelöst"[129], so daß statt des objektiven Tauschwertes die subjektiven Gebrauchswerte in den Vordergrund treten.

Nach der „Seltenheitstheorie" des Wertes von Walras soll der Wert der Güter auf dem Mißverhältnis zwischen ihrer Menge und der Summe der Bedürfnisse nach ihnen beruhen. Entscheidend ist dabei der Grenznutzen, also der Nutzen, den die letzte vorrätige Einheit eines Gutes zu stiften vermag.[130]

Die von Hermann Heinrich Gossen 1854 formulierte Definition, wonach die Größe eines Genusses mit zunehmender Bedürfnisbefriedigung abnimmt, führte zur Entwicklung der sog. I. und II. Gossenschen Gesetze.

Insgesamt haben sich in der Anwendung der modernen Nutzentheorie in den Wirtschaftswissenschaften vier Schwerpunkte ergeben:

„1) Die Verwendung des Nutzenbegriffs in der gesamtwirtschaftlichen Gleichgewichtstheorie;

2) Die Verbindung des (subjektiven) Nutzens mit der (subjektiven) Wahrscheinlichkeit in der Entscheidungstheorie;

3) Nutzenmessung und Experimente zur numerischen Festlegung der Nutzenfunktion;

---

[127] ebenda

[128] ebenda

[129] Ott, A. E.: Preistheorie, in: Kompendium der Volkswirtschaftslehre, Hrsg. W. Ehrlicher u. a., Bd. 1, Göttingen 1973, S. 110

[130] vgl. Müller, a. a. O., S. 605

4) Axiomatisierung des Nutzens und Theorie der Nutzener
wartung.“[131]

Zusammenfassend sind für das Verständnis des Nutzenbegriffs drei Komponenten bedeutsam:

„1. *Nutzen trägt subjektiven Charakter,* da er die subjektive Wertordnung eines Entscheidungsträgers wiedergibt.
Er besitzt damit nur für diese Person oder für Personen
mit gleicher Wertordnung Gültigkeit.

2. *Nutzen ist relativ,* da er sich aus dem subjektiven Vor-
teilhaftigkeitsbereich mit anderen Ergebnissen ergibt
und kann bestenfalls durch eine Intervallskala gemessen
werden.

3. *Nutzen darf nicht mit dem Gewinn oder den erhalte-
nen Geldbeträgen gleichgesetzt werden.* Denn wenn
Nutzen die subjektive Wertordnung eines Entscheidungsträgers wider spiegeln soll, muß er an alle Ergebnisse anknüpfen, mit denen der Entscheidungsträger
Wertvorstellungen verbin det.“[132]

Der Nutzen bezieht sich auf das bewertende Individuum
und hat prinzipiell nur für dieses Gültigkeit, wodurch es
sich grundlegend von der Wahrscheinlichkeit unterscheidet.
Letztere ist eine objektive Eigenschaft zufälliger Ereignisse,
die durch Experimente jederzeit nachprüfbar ist.

Dagegen ist „der Nutzen einer Alternative (...) immer nur
relativ, d. h. bezogen auf den Nutzen einer (...) Alternative
bestimmbar. Ein absolutes Nutzenmaß (...) kann es nicht geben.“[133]

„Der Nutzen wird aus dem subjektiven Gebrauchswert abgeleitet, d. h. er gibt die ‚Nützlichkeit‘ einer Sache für eine
Person orts- und zeitraumgebunden an. Intersubjektive Vergleichbarkeit und kardinale Messungen des Nutzens sind
daher nicht möglich.“[134]

Nach Pfarr kann der Nutzen darin bestehen, daß man:

„– das Objekt zur Befriedigung eines Bedürfnisses unmittel
bar verwenden kann (Gebrauchswert);

---

[131] Menges, G.: Grundmodelle wirtschaftlicher Entscheidungen. Einführung in moderne Entscheidungstheorien, Düsseldorf 1974, S. 41

[132] Pfarr, a. a. O., S. 135 f.

[133] Menges, a. a. O., S. 39

[134] Gabler Wirtschafts-Lexikon, a. a. O., Bd. II, S. 498

    – das Objekt zum Bezug anderer Objekte tauschen kann (Tauschwert);

    – das Objekt zur Erreichung eines Ertrages durch einen Transformationsprozeß verwendet werden kann (Ertragswert).“[135]

• Zwei unterschiedliche Nutzentheorien

„Nutzen wird in der behavioristischen Nutzentheorie als eine Größe angesehen, in der der Entscheidungsträger die Vorteilhaftigkeit einer durch eine bestimmte Handlung hervorgerufenen Konsequenz (...) zum Ausdruck bringt.“[136]

„Die empirisch realistische Nutzentheorie befaßt sich hingegen primär mit Versuchen, Nutzenfunktionen von bestimmten Personen konkret herzuleiten, ein künftiges Wahlverhalten dieser Personen prognostizieren zu können.“

Dem behavioristischen Ansatz steht also die praktisch normative Nutzentheorie gegenüber.

    „1. Sie will zeigen, unter welchen Bedingungen Nutzenunterschiede bzw. -abstände in eine kardinale Nutzenskala abgebildet werden können.[137]

    2. Sie möchte den Entscheidungsträger bei der Formulierung seiner Nutzenfunktion unterstützen.“[138]

• Geltungsnutzen ist für die Bewertung wichtig

Ein für das Thema der Grundstücks- und Gebäudebewertung interessanter Ansatz ist die Theorie des „Geltungsnutzens“, der in den Wirtschaftswissenschaften keine wesentliche Rolle spielt, obwohl er in der Nutzendefinition als ein oder mehrere Faktoren, die bei der Bewertung durch den Entscheidungsträger (des Subjekts) von Bedeutung sind, enthalten ist. Ersetzt man – was bei der vorstehenden Definition von Nutzen zulässig ist – in Abbildung 4 den Begriff „Funktion“ durch „Nutzen“, so erhält man ein hervorragendes Beispiel für Gebrauchs- und Geltungsnutzen.[139]

---

[135] vgl. Pfarr, a. a. O., S. 32

[136] Sieben/Schildbach: Betriebswirtschaftliche Entscheidungstheorie, Düsseldorf 1990, S. 7

[137] ebenda, S. 9

[138] Pfarr, a. a. O., S. 136

[139] Pfarr, a. a. O., S. 245 Im Sachwert- wie im Ertragswertverfahren der Grundstücks- und Gebäudebewertung ist der Geltungsnutzen rechnerisch kaum faßbar.

nach Funktionstypen / nach Funktionsklassen	Gebrauchsfunktionen	Geltungsfunktionen
Hauptfunktionen (müssen sein)	Standfestigkeit des Gebäudes, Zuverlässigkeit der technischen Anlagen usw.	
Nebenfunktionen (sollen sein)	Wartungsfreundlichkeit der Heizungsanlagen usw.	**Geltungswerte**
Indifferente Funktionen (können sein)	baugeschichtlich überholte Funktionen usw.	
unerwünschte Funktionen (sollen nicht sein)	zu hoher Energieverbrauch schlechte Schalldämmung usw	
ausschließende Funktionen (dürfen nicht sein)	führen bei Überschreiten zur Ablehnung des Objektes	
	sind alle Funktionen die der technisch-funktionalen oder wirtschaftlichen Zweckerfüllung dienen	sind alle nicht technischen und nicht wirtschaftlichen Funktionen wie Ästhetik, Komfott, Luxus, Repräsentation usw.

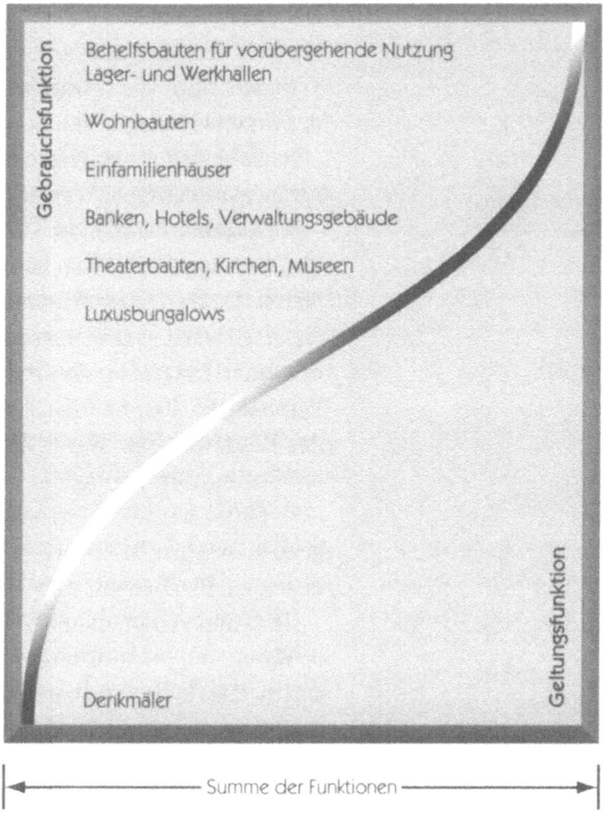

Abbildung 4

Die Grundlage der modernen Nutzentheorie sind unbekant. Die Umsetzung und die Entwicklung der Unternehmensbewertungsverfahren in der Praxis zu untersuchen.

3.3 Die Unternehmensbewertung in der Praxis

Als Voraussetzung für die Bewertung von Grundstücken war die Beschreibung und Festlegung in Form von Grundstückskatastrierungen und Grundbüchern anzusehen. Analog wird man als Voraussetzung für die Bewertung von Unternehmen die schriftlichen Unterlagen des Rechnungswesens betrachten können. Diese Rechnungswesen unterliegen hinsichtlich der Erfassung, Bewertung, Auswertung und Publizität seit Jahrtausenden strengen gesetzlichen Vorschriften. Heute werden bei größeren Unternehmen die Jahresabschlüsse außerdem von Wirtschaftsprüfern geprüft. Daher liegt auch im Falle von Unternehmen stets ein vergleichsweise gut gesichertes Informationsmaterial über die Vermögenslage, die Ertragslage und die finanzielle Situation der Unternehmungen vor.

Nachfolgend sei die historische Entwicklung der Unternehmensbewertung kurz skizziert.

Im Altertum wurden bei Unternehmensbewertungen nur die Vermögensteile, also die aktiven Wirtschaftsgüter bewertet. Da die Unternehmungen praktisch mit dem Inhaber identisch waren, verblieben bei einem Unternehmenskauf oder einer Unternehmensschenkung die Forderungen und Verbindlichkeiten bei dem jeweiligen Inhaber. Gegenstand des Besitzwechsels waren nur die physisch-mengenmäßig erfaßbaren Wirtschaftsgüter.

Im Mittelalter waren im islamischen Orient und darauffolgend im westlichen Abendland andere Preisbildungen zu beobachten. Hierzu heißt es bei Bellinger:

„Die Araber erkannten bereits den ‚mittleren' Preis für alle Waren, der etwa unserem heutigen gemeinen Wert entspricht. Die Preise ergaben sich aus Angebot und Nachfrage und hatten somit bereits in etwa den Charakter von Marktpreisen. Anders lagen die Dinge im abendländlichen Mittelalter, das die Preise im wesentlichen kostenorientiert bildete. Allerdings zählte zu den 16 Preisfaktoren der Preisbildung beim Handel auch der entgangene Gewinn. So heißt es beispielsweise bei Summenhart im Jahre 1477:

„…12. der ‚entgangene Gewinn'; wäre nämlich eine Ware, die er selbst nutzbringend verwenden kann auf dringende Bitten hin verkauft, darf den entgangenen Gewinn im Preise veranschlagen, jedoch nicht zum besonderen und überdurchschnittlichen Nutzen, den der Käufer aus der Ware zieht."[140]

„Bemerkenswert an dem obigen Kriterium der Preisbildung war, daß für eine Ware der Nutzen für den Verkäufer von jenem für den Käufer unterschieden wurde. Der besondere überdurchschnittliche Nutzen, den möglicherweise der Käufer aus der Ware ziehen konnte, durfte nicht in dem Preis veranschlagt werden. Für Unternehmensbewertungen bedeutete dies, daß in dem Preis der Unternehmung zwar die Ertragskraft am Bewertungsstichtag berücksichtigt werden konnte, nicht aber die künftige Ertragskraft, welche die Unternehmung nach ihrem Übergang in andere Hände aufgrund der damit veränderten Bedingungen haben würde."[141]

In den norditalienischen Handelsstädten wurde in der frühen Neuzeit das System der doppelten Buchhaltung eingeführt und von dort auch nach Deutschland verbreitet. Damit löste sich die Unternehmung von der Person des Inhabers und wurde abrechnungstechnisch als eine Art juristische Person behandelt. Danach wurden auch Forderungen und Verbindlichkeiten juristisch an die Unternehmung geknüpft. So ergab sich der Wert einer Unternehmung aus der Differenz zwischen Vermögen und Fremdkapital. Der Unternehmenswert war gleich dem Wert des Eigenkapitals einer Unternehmung.[142]

Damit begann die Bewertung einer Unternehmung streng stichtagsbezogen vorgenommen zu werden. Am Ende einer Abrechnungsperiode, meistens am Ende eines Jahres, wur-

---

[140] Bellinger, Bernhard und Vahl, Günter; Unternehmensbewertung in Theorie und Praxis, Wiesbaden 1984, S. 2. Eingefügtes Zitat nach: Linsenmann; Konrad Summenhart. Ein Culturbild aus den Anfängen der Universität Tübingen, Tübingen 1877, zitiert nach: Höffner, Josef; Wirtschaftsethik und Monopole im 15. und 16. Jahrhundert, Jena 1941, S. 88

[141] Bellinger/Vahl, a. a. O., S. 2

[142] vgl. ebenda

de das Inventar aufgenommen. In diesem Inventar wurden über eine Inventur alle Vermögensteile und Schulden erfaßt.[143] Die Differenz, das Reinvermögen oder Eigenkapital, galt dann auch nur für den Zeitpunkt des Endes der Abrechnungsperiode.

Die Entwicklung der Unternehmungen konnte man wertmäßig so aus der Entwicklung des Eigenkapitals, des damaligen Unternehmenswertes, verfolgen. Man erkannte damit aber auch genau die Teilbereiche, aus denen sich der Wert zusammensetzte. Ein besonderer Vorteil des Bewertungsverfahrens lag auch darin, daß man das Anwachsen oder den jeweiligen Rückgang des Unternehmenswertes über die jeweiligen Erfolgsrechnungen in ihren Einzelbereichen erklären konnte. Das Eigenkapital konnte neben Einlagen nur durch Gewinn wachsen, und es konnte nur durch Entnahmen oder durch Verlust zurückgehen. Daher ließ sich die Struktur des jeweiligen Wachstums oder Rückgangs aus der Struktur der Erfolgsrechnung erklären.

3.3.1 Die jüngere Entwicklung der Unternehmensbewertung

In der Mitte des vorigen Jahrhunderts kam die Idee auf, Eigenkapitalien und langfristige Schulden von Unternehmungen zu stückeln und in Form von Wertpapieren in den Handel zu bringen.[144] Diese Wertpapiere wurden an Börsen

---

[143] Rechtlich schlug sich der Ansatz des Zeitwertes in der ersten gesetzlichen Norm nieder im Art. 31 des Allgemeinen Deutschen Handels-Gesetzbuches (ADHGB) aus dem Jahre 1861: „Bei der Aufnahme des Inventars und der Bilanz sind sämmtliche Vermögensstücke und Forderungen nach dem Werthe anzusetzen, welche ihnen zur Zeit der Aufnahme beizulegen ist. Zweifelhafte Forderungen sind nach ihrem Wahrscheinlichen Werthe anzusetzen, uneinbringliche Forderungen aber abzuschreiben."
Diese Vorschrift wurde nahezu gleichlautend ins Handelsgesetzbuch (HGB), § 40 (2) übernommen und hatte bis zum Jahre 1985 in folgender Formulierung Gültigkeit: „(2) Bei der Aufstellung der Inventars und der Bilanz sind sämtliche Vermögensgegenstände und Schulden nach dem Werte anzusetzen, der ihnen in dem Zeitpunkt beizulegen ist, für welchen die Aufstellung stattfindet." vgl. Das Allgemeine Deutsche Handels-Gesetzbuch, Berlin 1862, Artikel 31, zitiert nach Bellinger/Vahl, a. a. O., S. 3
[144] vgl. ebenda

gehandelt. Dabei entstanden aus Angebot und Nachfrage Marktpreise für Aktien und Obligationen. Der Wert einer Unternehmung war dann aus dem jeweiligen Aktienkurs als Marktpreis erkennbar.

Bei dem Kauf der Aktie ging der Erwerber zum einen von der Substanz und zum anderen von dem Ertrag der jeweiligen Aktie aus. Allerdings hing der Ertrag der Aktie mit dem Risiko zusammen, das für die Unternehmung bestand. Die Kurse bildeten sich schließlich in der Mehrzahl der Fälle unmittelbar aus den Erträgen des erworbenen Wertpapiers. Die Unternehmenswerte entstanden daher ertragsorientiert. Demgegenüber waren die bisherigen Unternehmenswerte als Differenz zwischen Vermögen und Schulden einer Unternehmung von der Substanz her errechnet. Damit standen sich in den Unternehmensbewertungen bereits die zwei typischen Wertungsansätze gegenüber, nämlich die Beurteilung eines Wertes einmal nach dem Substanz- oder Sachwert und zum anderen nach dem Ertrag.

In der jüngeren Zeit stand die Unternehmensbewertung ständig in dem Spannungsfeld zwischen einer Substanzwert- und einer Ertragswertbetrachtung. Eine klare Wende vollzog sich im wesentlichen durch die Arbeit von Mellerowicz, der den Wert einer Unternehmung letztlich als den Barwert ihrer Zukunftserfolge definierte.[145]

Der Ertragswert wurde somit als der Barwert aller künftigen Einnahmen- und Erlösüberschüsse angesehen. Demgegenüber war der Substanzwert über die Höhe der Ausgaben definiert, die ein potentieller Käufer der Unternehmung wegen der bereits vorhandenen Wirtschaftsgüter wieder erspart.

Eine besondere Rolle spielte anfangs das Mittelwertverfahren. Danach ergab sich der Unternehmenswert als rechnerische Hälfte der Summe von Ertragswert und Substanzwert. Das Mittelwertverfahren setzte die Überlegung voraus, daß ein Ertragswert, der über einem Substanzwert lag, bei funktionierendem Wettbewerb auf den Substanzwert zurückgeführt werden würde. Ein Substanzwert galt nur als echt, wenn das Unternehmen mit dieser Substanz den bran-

---

[145] vgl. Mellerowicz, Konrad: Der Wert der Unternehmung als Ganzes, Essen 1952, S. 19

chenüblichen Gewinn erzielte. Waren also Ertragswert und Substanzwert nicht identisch, dann bedeutete dies, daß das Unternehmen Übergewinne erzielte. Die Überlegung ging also dahin, daß diese Übergewinnsituation bei funktionierendem Wettbewerb auf branchenübliche Verhältnisse reduziert werden würde.

Die verschiedenen sich weiterhin entwickelnden Verfahren der Unternehmensbewertung, insbesondere das Mittelwertverfahren (Berliner Verfahren), das Stuttgarter Verfahren und das UEC-Verfahren (der Übergewinnverrentung), sind Verfahren, die den Unternehmenswert zwischen dem reinen Ertragswert und dem reinen Substanzwert suchen. Einig waren sich die Fachvertreter, daß als Untergrenze eines Unternehmenswertes immer der Liquidationswert gelten müsse. Als obere Grenze wurden in etwa die Neubaukosten einer Unternehmung angesehen.

Bei der Diskussion der oberen Grenze von Unternehmensbewertungen trat später das Amortisationswert-Verfahren auf. Dieses Verfahren untersucht nur, in welcher Zeit welche finanziellen Mittel aus einer Unternehmung je Periode künftig herausgeholt werden könnten. Dabei spielt der reine Ertrag oder die reine Substanz nicht mehr die entscheidende Rolle. Beispielsweise wurden nicht betriebsnotwendige Grundstücke als liquidierbar in die Amortisationswertbetrachtung einbezogen.

3.3.2 Die moderne Unternehmensbewertung

Seit Beginn der sechziger Jahre hat sich die Unternehmensbewertungslehre beträchtlich fortentwickelt. Nach erheblichen Auseinandersetzungen zwischen den Vertretern des „objektiven" Unternehmenswertes und den Anhängern der neuen „subjektiven" Wertlehre kam es zu den Theorien der entscheidungsorientierten Unternehmensbewertung und zur Entwicklung einer funktionenspezifischen Bewertungslehre. Diese will die objektive und die subjektive Wertlehre in einem umfassenden Ansatz integrieren.[146]

Diese Funktionenlehre der Unternehmensbewertung setzte sich gegen das Denken in Bewertungsanlässen

---

[146] vgl. Wirtschaftsprüferhandbuch 1985/86, Düsseldorf 1985, S. 1055

durch, wobei sie unterscheidet nach Haupt- und Nebenfunktionen.

Eine Hauptfunktion ist die Beratungsfunktion, in der ein Gutachter aufgefordert ist, den Grenz- oder Entscheidungswert einer Unternehmung zu ermitteln. Diese Werte sind stets subjektiver Natur, da sie den jeweilen Entscheidungswert[147] von Käufer und Verkäufer zum Gegenstand haben. Eine Einigung ist hier nur möglich, wenn sich die Entscheidungswerte von Käufer und Verkäufer überlappen und so einen Einigungsbereich abbilden. Ist ein Beteiligter ausschließlich an Zahlungsüberschüssen aus Ertrags- oder Einnahmeüberschüssen interessiert, drückt der Entscheidungswert den Zukunftserfolgs- oder Ertragswert der Unternehmung aus.

Als eine weitere Hauptfunktion der Unternehmensbewertung ist die Vermittlungsfunktion zu bezeichnen. In dieser wird der sog. „Arbitrium-" oder „Schiedswert" ermittelt. Dabei soll vom Gutachter ein möglichst „gerechter" Wert der Unternehmung ermittelt werden, etwa weil die Parteien unterschiedliche Stärken haben oder einseitige Abhängigkeiten bestehen. Besteht hier ein aus den Entscheidungswerten gebildeter Einigungsbereich, in dem beide Entscheidungswerte sich überlappen, ist die gerechte Aufteilung der Differenz unproblematisch. Überschneiden sich die Entscheidungswerte aber nicht, ist der Bewerter als fairer Schiedsgutachter gefordert.

Die Argumentationsfunktion ist die letzte Hauptfunktion der Funktionenlehre in der Unternehmensbewertung. Diese dient der Verhandlungsstärkung einer Partei sowohl nach außen wie ggf. auch den eigenen Aufsichtsgremien gegenüber. Mit dem Argumentationswert wird auch bei An- oder Verkäufen von Unternehmen versucht, abseits des eigenen Entscheidungswertes möglichst dicht an den für einen selbst vorteilhaften Entscheidungswert des Verhandlungspartners zu gelangen. Zu diesem Zweck wird vielfach mit „objektiven" Wertansätzen argumentiert, um den Anschein größerer eigener Objektivität zu erwecken. Definitive Rückzugslinie für den Argumentationswert ist der eigene Entscheidungswert.

• Arbitrium- oder Schiedswert als Vermittlungsfunktion

• Der Argumentationswert hilft den eigenen Vorteil zu optimieren

---

[147] Die Definition des Entscheidungswertbegriffes wird nachfolgend unter Pkt. 3.4. vorgenommen.

Neben diesen Hauptfunktionen haben sich zwei Nebenfunktionen herausgebildet, die steuerlichen Zwecken und der Übermittlung von Informationen dienen. Aus Gründen der Steuergerechtigkeit soll es sich bei ersteren um stark normierte Verfahren handeln. Auch Informationswerte benötigen eine einheitliche Grundlage, um dem Ziel der zutreffenden Informationsübermittlung dienen zu können.

Tatsächlich haben sich die Verfahren der subjektiven Unternehmensbewertung in der Praxis aber bisher nur teilweise durchgesetzt. Gewöhnlich werden Unternehmen von Sachverständigen bewertet, denen nur das Zahlenmaterial der zu bewertenden Unternehmung und deren wirtschaftliche Situation bekannt ist. Ein solcher Gutachter kann die Nutzenvorstellungen eines potentiellen Erwerbers und insbesondere dessen erwartete Synergieeffekte nicht kennen und wäre daher überfordert, wenn er ohne ausreichendes Informationsmaterial die jeweilige Entscheidungssituation beschreiben, erklären und hinsichtlich des wahrscheinlichsten Preises beurteilen sollte.

Hier tritt also der Unterschied zwischen der betriebswirtschaftlichen Lehre zutage, die ausschließlich vom als richtig anzusehenden subjektiven Wert ausgeht, und der Praxis, die dies nur unzureichend umsetzen kann und zumeist noch sog. „objektivierte" Werte ausweist.

Bisher nicht erklärt wurde die vorstehend angeführte Entscheidungstheorie und das Wesen des Entscheidungswertes. Dies ist jetzt nachzuholen, wobei dem Thema entsprechend die Verbindung weniger zur Unternehmensbewertung als vielmehr zum Bereich der Bewertung von Grundstücken und Gebäuden hergestellt wird.

3.4 Entscheidungstheorie und Grundstücksbewertung

Die sich daraus ergebende Fragestellung lautet, inwieweit entscheidungstheoretische Ansätze zur Wertfindung in der praktischen Grundstücksbewertung beitragen und Bewertungsergebnisse besser plausibel machen können. Wesentlich ist letztlich, herauszuarbeiten, wie entscheidungstheoretische Modelle zu besseren, d.h. praxisnäheren Ergebnissen führen und zusätzlich durch die mögliche verbesserte Informationssituation Unsicherheiten reduzieren. Es muß also der Versuch unternommen werden, entscheidungstheoretische Ansätze in die Grundstücksbewertung zu übertragen.

Zum besseren Verständnis finden zunächst die marktwirtschaftlichen Bewertungsgrundsätze Anwendung, bevor nach der anschließenden Darstellung der planwirtschaftlichen Verhältnisse die Nützlichkeit entscheidungstheoretischer Ansätze für die Überführung von Bewertungsgrundsätzen von einem sozialistischen in ein marktwirtschaftliches System anhand praktischer Bewertungsfälle dargestellt wird.

Zunächst weist die Entscheidungstheorie zwei grundlegende Richtungen auf, die mathematisch-statistischen Methoden und die sozial-empirischen Methoden.

Die mathematisch-statistischen Methoden lassen sich vereinfachend einteilen in eine Zeitreihenanalyse und in die Regressionsanalyse. Beim Zeitreihenverfahren erfolgt eine chronologische Anordnung einer Reihe von Ereignissen auf einer Zeitachse, und es wird der Versuch unternommen, eine Kurve durch diese Werte so zu legen, daß die quadrierten Abstände der Werte von der Kurve möglichst gering sind. Aus dem Kurvenverlauf soll dann der Trend bestimmt werden und den Entscheidungsträger in die Lage versetzen, für einen bestimmten künftigen Zeitpunkt einen Wert abzulesen.

Die Regressionsanalyse stellt eine Weiterentwicklung dar. Hier wird z. B. mit zwei Variablen gearbeitet, deren Beziehungen in einem Koordinatenkreuz abgebildet werden. Durch die Bestimmung des Korrelationskoeffizienten wird der Grad des Zusammenhangs zwischen den Variablen ermittelt, woraus eine zukunftsorientierte Aussage abgeleitet werden kann.

Die Anwendung dieser wissenschaftlichen Prognosemethoden ist in der Praxis bei den Gutachterausschüssen für Grundstückswerte eingeführt worden und führt zu teilweise hilfreichen Bandbreiten bei Bewertungsproblemen. Die Auswertung von Kaufpreisen ist aber allein vergangenheitsbezogen. Wesentliche Faktoren, z. B. rechtlicher und steuerlicher Art, die Zukunftselemente enthalten, sowie die zu

• Wesentliche Unterschiede bei der Bewertung von Unternehmen und Grundstücken

• Deskriptive Zwecksetzung erklärt Entscheidungen

• Normative Fragen prüfen Entscheidungen

• Der typische Verlauf von Entscheidungen

erwartende Marktentwicklung werden nicht oder ungenügend beschrieben. Weiter ist die mangelnde Vergleichbarkeit der Objekte problematisch.

Ein wesentlicher Unterschied der Grundstücks- und Gebäudebewertung zur betriebswirtschaftlichen Bewertung ganzer Unternehmen ist, daß die Ausgangsgrundlage für die Prognose und damit für den Zukunftsertragswert regelmäßig die frühere und die vorhandene Ertragskraft am Bewertungsstichtag sind, während in der Grundstücksbewertung die erkennbare zukünftige Ertragskraft zum Bewertungsstichtag diskontiert wird, die sich z. B. an Standortentwicklungen oder Entwicklungen des Preisgefüges für Zustandsänderungen, z.B. von Ackerland zu Bauland, künftig ergeben.

3.4.1 Das entscheidungstheoretische Grundmodell

„Entscheidungstheorie umfaßt sowohl die Analyse logischer Implikationen des Postulates zielentsprechender Wahlhandlungen als auch Systeme empirisch gehaltvoller Erklärungen darüber, wie Entscheidungen in der Realität gefällt werden."[148] Die Absicht entscheidungstheoretischer Untersuchungen kann deskriptiver oder normativer Natur sein. Bei deskriptiver Zwecksetzung soll das Zustandekommen von Entscheidungen gezeigt werden: Ablauf und Ergebnis von Entscheidungsprozessen sind zu erklären. Die normative Fragestellung, die für den Fall der Grundstücksbewertung Anwendung findet, prüft, wie Individuen oder Gruppen entscheiden sollen. Die Anwendung der normativen Entscheidungstheorie führt zu folgendem idealtypischen Ablauf der Entscheidungsprozesse:

– Die Entscheidungssituation konfrontiert den Entscheidungsträger mit mindestens zwei unterschiedlichen Handlungsmöglichkeiten, wobei die Abbildung der realen Entscheidungssituationen in einem Modell mit Hilfe des Entscheidungsfeldes erfolgt. Dieses setzt sich zusammen aus einer Menge von Handlungsmöglichkeiten, einer Menge von Umweltsituationen und einer Menge von Ereignissen, die sich aus der jeweiligen Kombination von Handlungs-

---

[148] Sieben/Schildbach, a. a. O., S. 1

möglichkeit und Umweltsituation ergeben. Diese Elemente sind für jeden Bewertungsfall neu zu ermitteln und im Modell abzubilden.
– Jede bestehende Handlungsmöglichkeit ist vom Entscheidungsträger so zu bewerten, daß den Ergebnissen jeder Alternative ein Wert (Nutzen) zugeordnet wird. Da die Bewertung den Nutzenerwartungen eines bestimmten Entscheidungsträgers entspricht, ist diese subjektiv.
– Nachdem alle Handlungsmöglichkeiten bewertet sind, ist diejenige auszuwählen, die vom Entscheidungsträger als die ihm nützlichste angesehen wird, d.h. ihm den höchsten Nutzen verspricht. Die ‚Lösung des Entscheidungsproblems‘ besteht aus dem Ermitteln der Handlungsmöglichkeiten mit dem höchsten Nutzen.[149]

Abstrakt besteht das entscheidungstheoretische Grundmodell somit aus folgenden Elementen:
– Entscheidungsträger(n)
– Zielen
– Handlungsmöglichkeiten
– Umweltsituation.

Ein praxisorientiertes Entscheidungsmodell für die Grundstücksbewertung (mit Berücksichtigung der für die Wertermittlung relevanten technischen, wirtschaftlichen und rechtlichen Elemente) besteht aus:
– Handelnden als Entscheidungsträgern
– die subjektive Ziele vertretend
– unter möglichem Ausschluß von Unsicherheit agierend
– die zu Verfügung stehenden Handlungsmöglichkeiten bewertend
– die nach Prognose günstigste Alternative wählend
– diese konsequent realisieren.

Determinanten und Phasen von Entscheidungsprozessen zeigt Abbildung 5.[150]

---

[149] vgl. Rehkugler/Schindel, Entscheidungstheorie. Erklärung und Gestaltung betrieblicher Entscheidungen, München 1989, S. 15/16
[150] Heinen, Edmund: Das Zielsystem der Unternehmung. Grundlagen betriebswirtschaftlicher Entscheidungen, Wiesbaden 1966, S. 27

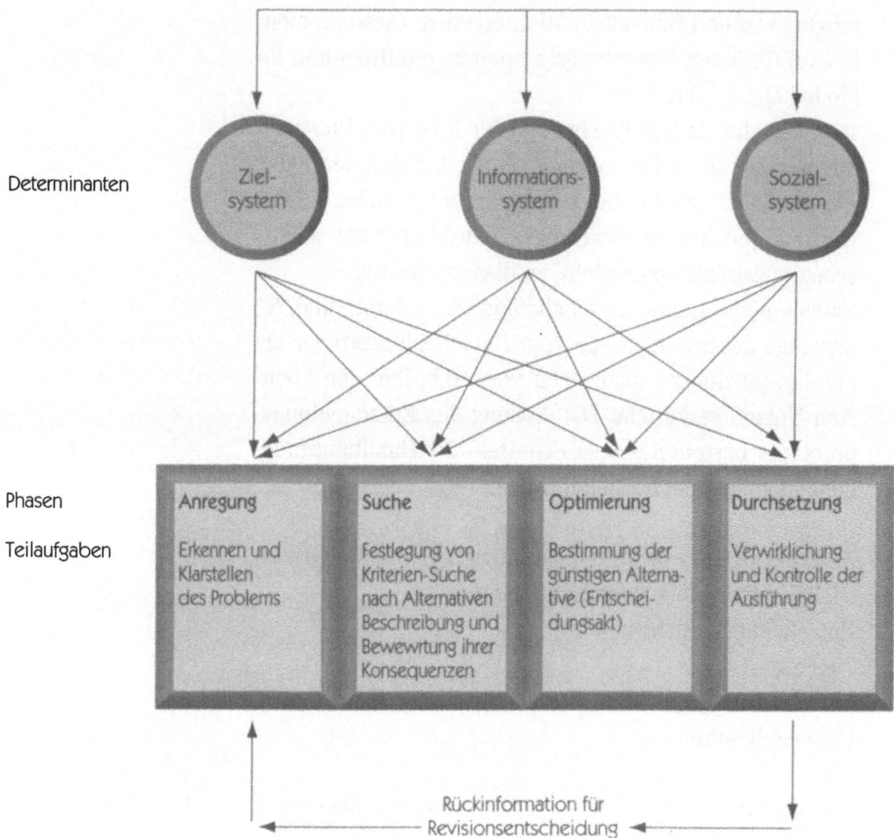

Abbildung 5. Determinanten und Phasen des Entscheidungsprozesses der Unternehehmer-organisation

Für die Themenstellung besser zeigt Abbildung 6 Entscheidungssituationen und die Formen der Ergebnismatrix, die auch nachfolgend bei einem praktischen Beispiel Anwendung finden.[151]

Am Anfang des entscheidungstheoretischen Prozesses stehen die Motive des Entscheidungsträgers wie Erwerbstrieb, soziale Verantwortung, Machtbewußtsein, Habgier usw. Der motivierte Entscheidungsträger wird sodann sein Verfahren festlegen und die ihm zur Verfügung stehenden Mittel einsetzen, um seine Ziele zu erreichen. Hierbei wird phasenweise vorgegangen. Ein Schema von Heinen unter-

---

[151] Pfarr, a. a. O., S. 136

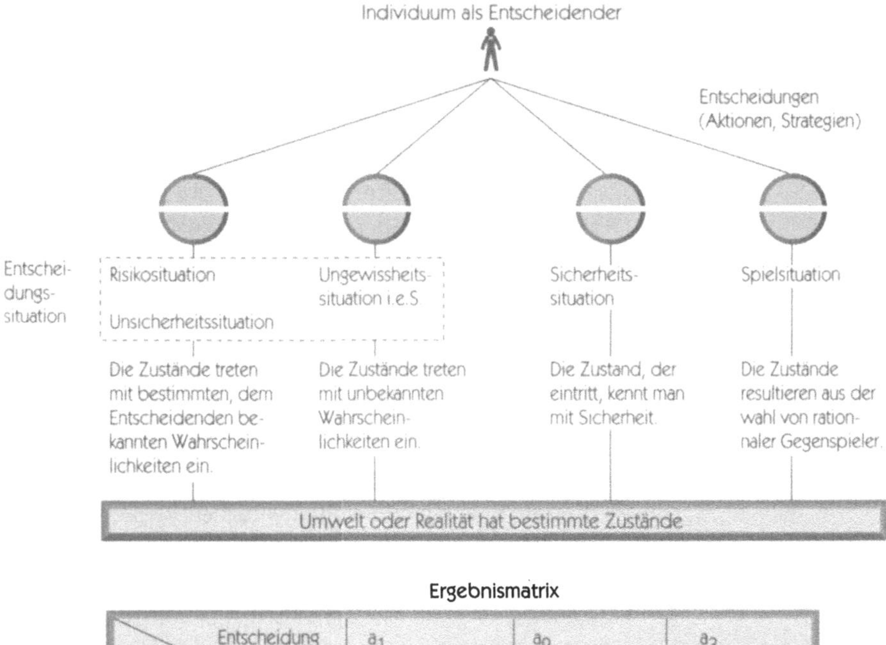

Zustand \ Entscheidung	a_1	a_2	a_3
Z_1	e_{11}	e_{12}	e_{13}
Z_2	e_{21}	e_{22}	e_{23}

Abbildung 6. Entscheidungssituationen und Ergebnismatrix

scheidet folgende typische Phasen eines Entscheidungsprozesses:[152]

1) Anregungsphase

2) Suchphase   Willensbildung

3) Optimierungsphase

4) Realisationsphase

    Willensdurchsetzung

5) Kontrollphase

---

[152] Rehkugler/Schindel, a. a. O., S. 221

Zu beachten ist, daß eine Zerlegung des Entscheidungs-prozesses in Teilentscheidungen nicht oder nur selten möglich ist. Z.B. kann ein Grundstück bereits gekauft sein und eine Baugenehmigung ist wider Erwarten nicht zu erhalten, so daß Zieländerungen nötig werden. Alle seit dem definitiven Engagement auftretenden sachlichen oder zeitlichen Probleme beeinträchtigen also das angestrebte Ergebnis. Bei zunehmendem Erkenntnisstand kann es somit erforderlich werden, auch bereits abgearbeitete Phasen erneut aufzugreifen. Entscheidungsprozesse sind somit durch einen ständigen Wechsel zwischen den einzelnen Phasen charakterisiert.

Auch wenn mehrere Zielgrößen angestrebt werden, die zu unterschiedlichen Zeitpunkten anfallen, wie Vorteile aus Förderprogrammen für ein Bauvorhaben, steuerliche Vorteile für den Investor, langfristige Rendite für den Anleger usw., und wenn Änderungen einzelner Komponenten wie unerwartete Baukostenentwicklungen auftreten, können Rücksprünge wegen notwendiger oder gewünschter Zieländerungen erforderlich werden. In diesem Zusammenhang stellt sich die Frage, wer eigentlich als Entscheidungsträger anzusehen ist.

3.4.2. Die Entscheidungsträger

Die Grundstücksbewertung unterscheidet grundsätzlich zwischen zwei Entscheidungsträgern
– dem Verfügungsberechtigten über das Objekt als Anbieter und zur Desinvestition Bereiten und

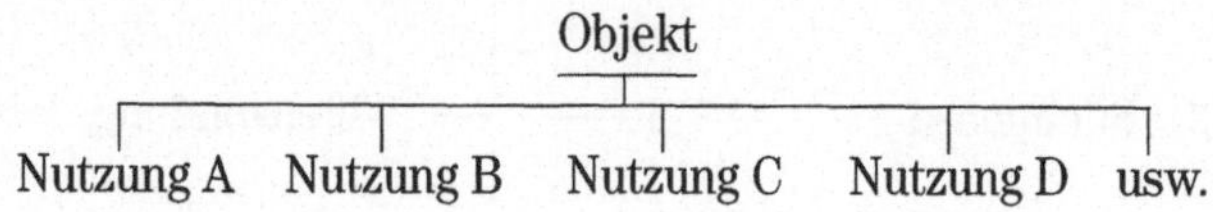

– dem Nachfrager, der für bestimmte Zwecke ein geeignetes Objekt sucht.

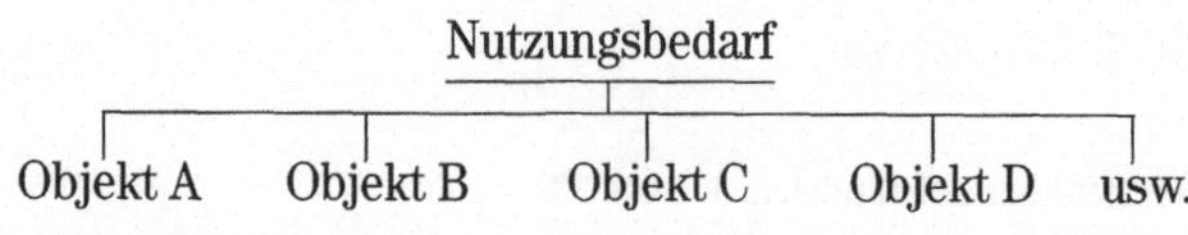

Der Sonderfall, Entwicklungsgesellschaften, sog. Developer, haben Motive rein wirtschaftlicher Art und wollen Projekte nach „Veredelung" einem Endnutzer zur Verfügung stellen. Sie erbringen praktisch eine Dienstleistung für den Abnehmer oder Investor und sind somit Erfüllungsgehilfen der zweiten Gruppe.

3.4.3 Zieldefinitionen

Oberste Ziele der Entscheidungsträger sind die Gewährleistung des Erfolges und das Ausschalten von Unsicherheit. In dem Zielsystem werden verschiedene Zielgrößen verankert, wobei Handlungskonsequenzen, die hier nicht auftreten, für die Bewertung irrelevant sind und außer acht bleiben können. Oberstes Ziel des Anbieters ist, von Ausnahmen abgesehen, die Sicherstellung des angestrebten Zieles.

Außer merkantilen Zielgrößen wie Gewinn können beim Anfrager auch andere, mit dem Objekt nur mittelbar in Zusammenhang stehende Zielgrößen, wie Synergieeffekte, Vermögensanlage, und nicht direkt finanzielle Zielgrößen, wie Marktanteil, Betriebsklima, Prestige usw., relevant sein. Zur Beschreibung der Zielgrößen dient die Präferenzrelation. Diese bringt die Intensität des Strebens nach den in der Ergebnisdefinition festgelegten Zielgrößen zum Ausdruck. Dies ist notwendig, da nur in seltenen Fällen durch Festlegung der Zielgrößen alleine die Auswahl der besten Aktionen möglich ist. In der Praxis führen in der Regel mehrere Handlungsalternativen in unterschiedlichem Ausmaß zu zielrelevanten Ergebnissen. In diesem Fall benötigt der Entscheidungsträger bezüglich des unterschiedlichen Ausmaßes der Ergebnisrealisation eine Präferenzrelation. Dazu kommt, daß in den meisten Fällen der Entscheidungsträger gleichzeitig mehrere Zielgrößen anstrebt und die Ergebnisse zu unterschiedlichen Zeitpunkten anfallen.

Da es sich hier um Entscheidungen bei Unsicherheit handelt, liegen auch keine ausreichend genauen Informationen über die zu erwartenden Ergebnisse vor. Damit wird deutlich, daß ein Zielsystem außer den Zielgrößen auch Präferenzrelationen, wie Höhenpräferenzen und Risiko- und Unsicherheitspräferenzrelationen, zu berücksichtigen hat. Die Höhenpräferenzrelation gibt Auskunft über das erstrebte Ausmaß der Zielgröße. In der Grundstücksbewertung ist diese anspruchsniveaubezogen, d. h. Ergebnishöhen gelten erst ab einer bestimmten Größe als zufriedenstellend. Die Praxis hat ergeben, daß kostendeckende Ergebnisse in der Regel nicht akzeptiert werden, sondern erst Zuschläge, die je nach Risikosituation angesetzt werden, möglich sein müssen, um eine Aktion auszulösen.

3.4.4 Die Handlungsmöglichkeiten

Die Zukunftsentwicklung eines Objektes ist grundsätzlich nicht exakt vorhersehbar, zu vielfältig sind die Einflußfaktoren aus der Substanz selbst heraus, aus den baurechtlichen Nutzungsmöglichkeiten, Steuern sowie Standortveränderungen, Planungen und unvorhersehbaren Entwicklungen. Es ist Aufgabe der Bewertung, wahrscheinliche und plausible Entwicklungen anzunehmen und zu bewerten. Es handelt sich um ein System von Annahmen und Erwartungen, das von Fall zu Fall auf mehr oder weniger gesicherten Grundlagendaten aufbaut.

Die Prognoserechnung läßt sich oft nur in mehreren Phasen planen, wobei die ersten beiden Phasen, Investitionsphase und die Abschreibungsphase, besondere Beachtung finden, während die Auslaufphase nur noch nebulös wirkt. Für die Investitionsphase werden genaue Ertragsvorschaurechnungen angestellt mit sehr detaillierten Zukunftsschätzungen für Aufwendungen und Erträge. Voraussetzung für die Gewährung von Zwischenfinanzierungen sind im allgemeinen Mietverträge, die mit der Fertigstellung des Objektes in Kraft treten. Von besonderer Bedeutung sind hierbei die steuerlich sofort absetzbaren Aufwendungen, die in der Regel über steuerliche Verlustzuweisungen die Bereitschaft zur Verfügungstellung von Eigenkapital auslösen.

Für Fremdkapitalgeber ist die anschließende zweite Phase, die eigentliche Nutzungs- oder Abschreibungsphase, von besonderer Bedeutung. Hier muß es sich erweisen, ob Aufwendungen und Erträge den Ansätzen entsprechen, und ob das Vorhaben den Planungen entsprechend umgesetzt werden konnte. Für die dritte Phase, eine meist fernere, unübersehbare Zukunft, wird in der Regel eine lineare Weiterentwicklung des Erfolges auf dem zugrundegelegten Niveau angenommen.

Die Bewertung selbst erfolgt in der Regel vor der Investitionsphase. Ihre Aufgabe ist es, ein einziges durchschnittliches, nachhaltig erwartetes Ergebnis, welches alle erkennbaren und qualifizierbaren Risiken und Chancen einschließt, zu erbringen.

Die Begründung, warum die dritte, die Langzeitphase, meist geringe Beachtung findet, ist im Abzinsungsproblem und im Kompensationsproblem zu suchen. Die Abzinsung entfernterer Zukunftsergebnisse führt zu einem ständig kleiner werdenden Barwert.

Wie die Vergangenheit gezeigt hat, treten im Laufe von Jahren immer wieder kompensatorische Effekte auf, die zu erheblichen Revisionen bei Zukunftsrechnungen führen. Naturgemäß erfolgt jede Prognose auf der Basis unvollständiger Informationen über die Zukunft.

3.4.5 Die Markt- und Preisbildung

Markt ist hier der „ökonomische Ort des Tausches, an dem sich durch Zusammentreffen von Angebot und Nachfrage die Preisbildung vollzieht."[153] Das Zusammentreffen von Angebot und Nachfrage findet nicht an einem räumlich bestimmten Ort statt und ist nicht an bestimmte Formen gebunden. Die Abgrenzung des „relevanten Marktes" für ein Grundstück hat sich als sehr problematisch erwiesen, da einzelne Objekttypen vielfach mehreren Teilmärkten zuzuordnen sind.

„Die wichtigste Einteilung der Märkte ist die Einteilung in vollkommene und unvollkommene Märkte."[154]

Der vollkommene Markt ist gekennzeichnet durch das Fehlen jeglicher sachlicher, persönlicher, räumlicher und zeitlicher Präferenzen. So sind die auf einem vollkommenen Markt getauschten Güter unterschiedslos (homogen), die Entfernung aller Anbieter zu allen Nachfragern ist gleich (Punktmarkt), kein Nachfrager hat eine besondere Vorliebe für einen bestimmten Anbieter und umgekehrt, und das gehandelte Gut wird von allen Marktteilnehmern

---

153 Müller-Meerkatz: Textbook Mikroökonomik, München 1976, S. 9
154 Ott, a. a. O., S. 112

gleichzeitig angeboten und nachgefragt. Ist nur eine der Bedingungen verletzt, liegt ein unvollkommener Markt vor.

„Für den Immobilienmarkt kann die Unvollkommenheit aller Teilmärkte unterstellt werden, da

1. die Güter nicht homogen sind. Kein Grundstück und Gebäude gleicht in allen preisbildenden Komponenten einem anderen.
2. die räumliche Differenzierung zwischen den einzelnen Anbietern und Nachfragern kennzeichnend für diesen Markt ist.
3. Differenzierungen zeitlicher Art die Regel sind.
4. eine vollkommene Markttransparenz nur schwer zu erreichen ist.“[155]

Preise entstehen als Äquivalent für Wertübergänge als Folge von Austauschverhältnissen am Markt.[156]

„Jede Preisbildung vollzieht sich auf einem Markt, der in der Regel als der ökonomische Ort des Tausches definiert wird. (...) Für die Art der Preisbildung ist die Gestalt oder auch Struktur des betreffenden Marktes von entscheidender Bedeutung.“[157]

Aus dem Zusammenspiel von Angebot und Nachfrage ergeben sich der Gleichgewichtspreis und die Gleichgewichtsmenge. Im Gleichgewicht hat kein Wirtschaftssubjekt Veranlassung, sein Verhalten zu ändern, ein Vorteil ist für ihn nicht ersichtlich. Das Marktgleichgewicht tritt dann ein, wenn kein Nachfrageüberschuß vorhanden ist. Im Gleichgewicht darf weder ein Angebots- noch ein Nachfragemengenüberschuß auftreten („der freie Preis räumt den Markt“). Bei normalem Verlauf der beiden Marktfunktionen treten bei Preisen oberhalb des Gleichgewichtspreises Angebotsmengenüberschüsse, bei Preisen unterhalb des Gleichgewichtspreises Nachfragemengenüberschüsse auf. Bei Abweichungen vom Gleichgewichtspreis werden Anpassungen der Pläne von den Anbietern bzw. Nachfragern vorgenommen, die auf eine Wiederherstellung des ursprünglichen Zustandes hintendieren.

---

[155] Metz, H. J.: Entscheidungsorientierte Wertermittlung von Grundstücken, Diss. Berlin 1979, S. 57
[156] Vgl. Pausenberger, E.: Wert und Bewertung, Stuttgart 1962, S. 14
[157] Ott, a. a. O., S. 111

3.4.6 Möglichkeiten der Entscheidungstheorie

In der Entscheidungstheorie wird unterschieden zwischen offenen und geschlossenen Entscheidungsmodellen. Durch geschlossene Entscheidungsmodelle lassen sich vollständig durchstrukturierte Probleme mit Hilfe mathematisch-statistischer Methoden lösen. Voraussetzung hierfür sind aber eindeutig formulierte Ziele und die Kenntnis aller möglichen Alternativen. Ziele und Motive können im Grundstücksverkehr aber nie vollständig erfaßt werden, da sich z. B. Bereiche wie der Geltungsnutzen und andere nicht formalisierbare Einflüsse einer mathematischen Formalisierung entziehen. Somit kommen für die Grundstücks- und Gebäudebewertung lediglich offene Entscheidungsmodelle in Frage, die die Integration auch sozialwissenschaftlicher Erkenntnisse ermöglichen.

Für die praktische Anwendung entscheidungstheoretischer Ansätze in der Grundstücks- und Gebäudebewertung bedeutet dies, daß zunächst unter Annahme erkennbarer und damit bestimmbarer Umweltzustände alternative Nutzungen zu diskutieren sind. Dies erfolgt im letzten Kapitel.

Zunächst wird nachfolgend auf die Markt- und Preisverhältnisse im ehemals planwirtschaftlichen System in der Zeit des Entstehens marktwirtschaftlicher Verhältnisse eingegangen. Dazu werden die Bodenrechtsverhältnisse und die Bewertungsgrundsätze des sozialistischen Systems der DDR in Hinsicht auf die Grundstücks- und Gebäudebewertung kurz dargestellt.

4 Bodenrecht und -bewertung in der DDR

Nach der Kapitulation des III. Reiches am 8. Mai 1945 übernahmen die Siegermächte die Verwaltung in vier Besatzungszonen mit eigener Rechtsprechung und Eingriffen in die Eigentumsordnung. In den Ländern der sowjetisch besetzten Zone erfolgten teilweise Verstaatlichungen von Grund und Boden durch Ländergesetze nach Volksabstimmungen oder durch Länderverordnungen aufgrund von Befehlen der Sowj. Militäradministration (Smad), die sich auf das Grundvermögen von Kriegsverbrechern, Großgrundbesitzern, Industriellen usw. bezogen. In den sogenannten westlichen Besatzungszonen fanden solche Enteignungen im wesentlichen nicht statt.

Mit der Gründung der Deutschen Demokratischen Republik und der Bundesrepublik Deutschland entstanden nachfolgend neue gesetzgebende Staaten mit einer planwirtschaftlichen sozialistischen Gesellschaftsordnung und einem freiheitlich demokratischen rechtsstaatlichen System. Der sozialistischen Planwirtschaft in der DDR stand nunmehr die soziale Marktwirtschaft gegenüber. Die seit der Gründung des Deutschen Reiches vereinheitlichte Bewertungspraxis in der Grundstücks- und Gebäudebewertung entwickelte sich getrennt unter den Anforderungen der verschiedenen Gesellschaftssysteme fort.

Mit der Änderung der Verfassung und dem Einfügen des Artikels 14 a in die Verfassung der DDR am 13. Januar 1990 und der Joint-Venture-Verordnung (§ 17)[158] sowie der Anleitung zur Bewertung von Sacheinlagen vom 8. Februar 1990

---

[158] Verordnung über die Gründung und Tätigkeit von Unternehmen mit ausländischer Beteiligung in der DDR vom 25.01.1990, GBl. Teil I, Nr. 4 vom 30.01.1990

der DDR[159] wurde dann erstmals auf Bundesdeutsche Bewertungsgrundsätze zurückgegriffen, bevor diese dann nach dem 3. Oktober 1990 und dem Ende der DDR generelle Geltung erlangten.

Die sich durch die Überführung der Bewertungsgrundsätze von einem planwirtschaftlichen System in ein marktwirtschaftliches System ergebenden Wertansätze und Probleme der Übergangszeit werden im nächsten Kapitel am Beispiel DDR Bundesrepublik und unter Berücksichtigung entscheidungstheoretischer Bewertungsgrundsätze betrachtet.

In diesem Kapitel werden die planwirtschaftlichen Eigentums-, Rechts- und Nutzungsverhältnisse sowie die hieraus resultierenden Bewertungsregelungen betrachtet.

4.1 Die sozialistische Bodenordnung

Wesentlicher Ansatz sozialistischer Wirtschaft und Politik ist ein sogenanntes sozialistisches Bodenrecht. Die Darstellung der zugrundeliegenden Theorie-Verfahren der DDR dient dem Verständnis dieses Systems und seiner Folgeleistungen.

4.1.1 Die marxistisch-leninistische Bodentheorie

Die Lehre des Marxismus-Leninismus geht davon aus, daß die Erde eine unersetzbare Lebensgrundlage des Menschen darstellt, die die „unveräußerliche Existenz und Reproduktionsbedingungen der Kette sich ablösender Menschengeschlechter" sichert. Deshalb wird besonders kritisiert, daß das Eigentum von Grund und Boden an sich das Monopol gewisser Personen voraussetze, über bestimmte Portionen des Erdkörpers als ausschließliche Sphären ihres Privatwillens mit Ausschluß aller anderen zu verfügen.[160]

---

[159] Arbeitshinweise zur Bewertung der Sacheinlagen von Betrieben der DDR bei der Gründung von Unternehmen mit ausländischer Beteiligung, Ministerium der Finanzen und Preise der DDR, 8.2.1990

[160] vgl. Marx, Karl: Das Kapital. Kritik der politischen Ökonomie, in: Marx, Karl u. Engels, Friedrich: Werke, Band 25, Berlin 1968, Seite 627

Monopolisierungsmöglichkeit sei dadurch gegeben, daß die Erde nur beschränkt, d.h. nur räumlich begrenzt vorhanden sei. „Ein Teil der Gesellschaft verlangt hier von den anderen ein Tribut für das Recht, die Erde bewohnen zu dürfen, wie überhaupt im Grundeigentum das Recht der Eigentümer eingeschlossen ist, den Erdkörper, die Eingeweide der Erde, die Luft und damit die Erhaltung und Entwicklung des Lebens zu exploitieren."[161]

Außer einer Ablehnung der Bodenmonopolisierung wird von Marx, Engels und Lenin auch die Parzellierung als Zersplitterung des bäuerlichen Grundbesitzes mit der Folge der Verarmung der kleinen Bodeneigentümer strikt abgelehnt. „Das Parzelleneigentum schließt seiner Natur nach aus: Entwicklung der gesellschaftlichen Produktivkräfte der Arbeit, gesellschaftliche Formen der Arbeit, gesellschaftliche Konzentration der Kapitale, Viehzucht auf großem Maßstab, progressive Anwendung der Wissenschaft. (...) Progressive Verschlechterung der Produktionsbedingungen und Verteuerung der Produktionsmittel ein notwendiges Gesetz des Parzelleneigentums."[162]

Überhaupt führt Marx aus: „Das Eigentum an Grund und Boden (...), diese ursprüngliche Quelle an Reichtum, ist das große Problem geworden, von dessen Lösung die Zukunft der Arbeiterklasse abhängt."[163]

Diese Aussagen beruhten allerdings auf der Marxschen Einschätzung der Pachtverhältnisse in England, wohingegen er und Engels sich in Bezug auf Deutschland und Frankreich ausdrücklich dafür aussprachen, mit Rücksicht auf die stark ausgeprägten Privateigentumsverhältnisse keine allgemeine Bodennationalisierung vorzunehmen. Auch Lenin war in Bezug auf Deutschland dieser Auffassung: „eine Volksbewegung zugunsten der Nationalisierung gibt es dort nicht und kann es dort nicht geben."[164]

• Marx'sche Ablehnung der Bodenmonopolisierung

• Parzelleneigentum behindert die gesellschaftliche Entwicklung

---

[161] ebenda, S. 782

[162] ebenda, S. 815 f.

[163] Marx, Karl: Über die Nationalisierung des Grund und Bodens, in: Marx, Karl u. Engels, Friedrich: Werke, Bd. 18, S. 59

[164] Lenin, W.I.: Das Agrarprogramm der Sozialdemokratie in der ersten russischen Revolution von 1905-1907, in: Ders.: Werke, Band 13, Berlin 1970, S. 338

Lenin setzte aber für Rußland die totale Bodennationalisierung durch, erleichtert durch die Bodenkonzentration beim Adel und die praktische Landlosigkeit und völlige Abhängigkeit der Bauern von den Großgrundbesitzern (Feudalismus). Somit wurde im Rahmen der Oktoberrevolution am 26. Okt. 1917 das Privateigentum an Grund und Boden in Rußland aufgehoben und verstaatlicht: „Nationalisierung ist Übergabe des gesamten Grund und Boden in das Eigentum des Staates."[165]

Die Übertragung dieser Grundsätze auf Grundbesitz über 100 ha Größe führte dann im Jahre 1945 zu den SMAD-Befehlen zur Bodenreform in den sowjetisch besetzten Gebieten Deutschlands.

4.1.2. Die Bodenvergesellschaftung

Die sog. „Bodenvergesellschaftung" erfolgte getreu dem Prinzip des „Leninschen Genossenschaftsplanes", wonach der Landbevölkerung demonstriert wurde, daß der Boden den Gutsbesitzern weggenommen wird und durch Aufteilung der enteigneten Flächen den Landarbeitern und Kleinbauern zur Verfügung gestellt wird. Nachfolgend werden diese dann aber schrittweise sozialisiert und in Landwirtschaftliche Produktionsgenossenschaften einzubringen sein. Als Endziel wird der kollektive Bodenbesitz und die gemeinschaftliche Bodenbewirtschaftung in Großflächenwirtschaft ohne individuelles Eigentum angestrebt. Auf die Enteignung kleinerer Flächen konnte also bis zum Zeitpunkt der Kollektivierung der Landwirtschaft verzichtet werden. Es mußte nur dafür gesorgt werden, daß alle kleineren Bauern, also Alt- und Neubesitzer, sich einer LPG als Rechtsinstitut der genossenschaftlichen Bodennutzung anschlossen.[166]

4.1.3 Die Bodenreform

Unmittelbar Anfang September 1945 erfolgte bereits die Durchführung der Bodenreform aufgrund von Verordnun-

---

[165] ebenda, S. 433

[166] Heute tritt nun der interessante Zustand ein, daß Flächen, die in der Bodenreform enteignet und aufgesiedelt wurden, jetzt den Siedlern als Eigentum zufallen und der tatsächlich Enteignete, abgesehen von Lastenausgleichszahlungen, bisher keine Entschädigung erhält.

gen oder Gesetzen der Länder. Die entschädigungslos enteigneten Flächen wurden in Volkseigentum oder in sowjetisches Staatseigentum (SAG) überführt. Die SAG Betriebe wurden in den Jahren 1952/53 in Volkseigentum überführt, mit Ausnahme SAG Wismut (Uranerz).[167]
Die nunmehr „volkseigenen" Flächen wurden entweder an Neubauern in kleinen Flächen (5–8 ha) aufgeteilt oder zu volkseigenen Gütern (VEG's) zusammengefaßt.

Betroffen waren von der Bodenreform insgesamt 2.517.357 ha, wozu noch 131.742 ha landwirtschaftlicher Besitz von Nazigrößen und sog. Kriegsverbrechern kamen sowie weitere einbezogene Flächen, teils sogar aus Staatsbesitz. Insgesamt wurde ein staatlicher „Bodenfond" gegründet, der einen Umfang von 3.298.082 ha umfaßte, wovon 2.189.999 ha an Neubauern verteilt wurden. Die Flächenzuteilung soll nach der Statistik der DDR an insgesamt rd. 350.000 Personen erfolgt sein.[168]

Die Enteignung umfaßte auch städtischen Grundbesitz. So wurden in Ostberlin alle 87 Grundstücksgesellschaften enteignet, wie die Märkische Terrain-Gesellschaft mbH oder die Aktiengesellschaft für Haus- und Grundbesitz, und der Grundbesitz in „Volkseigentum" überführt.

Es wurde konsequent eine Politik der staatlichen Kontrolle des gesamten Grundstücksverkehrs eingeführt und fortgesetzt. Der gewünschte Zuwachs des staatlichen Bodenfonds, des Volkseigentums am Boden, wurde erreicht durch die Umwandlung kommunalen Eigentums in Volkseigentum, durch den rechtsgeschäftlichen Grundstückserwerb, Enteignung von Grundstükken (Inanspruchnahme), Ausübung von Vorkaufsrechten, Genehmigung des privaten Verzichts auf Eigentumsrechte (vor allem bei Mietwohngrundstücken) einschließlich des Staates als Erbe so-

• Staatlicher Bodenfond

• Auch Enteignung von städt. Grundbesitz

---

[167] Alle gesetzgeberischen Akten des Kontrollrates wurden am 21. September 1955 vom sowjetischen Ministerrat für auf dem Territorium der DDR für überholt und aufgehoben erklärt.

[168] Im Rahmen der Rückerstattung wurden lediglich Anträge über 1,5 Millionen ha gestellt.

wie aufgrund strafrechtlicher Verfahren mit gerichtlichem Grundstückseinzug.[169]

4.1.4 Die Entwicklung des Bodenrechtes

Das Bodenrecht der DDR hat seine Grundlage als Element der sozialistischen Gesellschaftsgestaltung bereits in der Verfassung von 1949. In der letzten Fassung von 1974 wird nur noch unterschieden nach dem „sozialistischen Eigentum" in den Formen
– Volkseigentum,
– genossenschaftliches Eigentum und
– Eigentum gesellschaftlicher Organisationen

sowie dem
– individuellen Eigentum, also dem Privateigentum.

Da nach diesem System alle wesentlichen Produktionsmittel Staats- bzw. Volkseigentum sein mußten und der Verkauf sozialistischen Eigentums z. B. nach § 20 Abs. 3 des Zivilgesetzbuches (ZGB) der DDR, das das BGB abgelöst hatte, verboten war, wurden Grundstücke auch nicht bei Bebauung mit privaten Einfamilienhäusern verkauft. In diesen Fällen wurden Nutzungsrechte verschiedener Art gegen geringe Gebühren verliehen, die man etwa mit Erbbaurechten vergleichen kann.[170]

Zur Sicherung des Bestandes an „Volkseigentum" wurde weitgehende Vorsorge getroffen. So war die Belastung durch Hypotheken, Grundpfandrechte o.ä. und die Zwangs-

----

[169] Weiter von Bedeutung sind in diesem Zusammenhang das Baulandgesetz, das Entschädigungsgesetz sowie das Aufbaugesetz bis 1984, die auch den staatlichen Eingriff in private Eigentumsrechte ermöglichten. vgl. z. B. Gesetz über die Bereitstellung von Grundstücken für Baumaßnahmen (Baulandgesetz) vom 15. Juni 1984, GBl. der D-DR, Teil I Nr. 17, S. 201

[170] Änderungen erfolgten erst mit dem Zusammenbruch des Systems. Erste Ausnahme war die Einfügung des Artikels 14 a in die Verfassung vom 13. Januar 1990. Diesem folgten die Grundsätze zur Bewertung von Sacheinlagen von Betrieben der DDR bei der Gründung von Unternehmen mit ausländischer Beteiligung vom 8. Februar 1990.

vollstreckung bei solchen Objekten nicht zulässig[171]. Die Eintragung „Eigentum des Volkes" findet sich in den Liegenschafts- bzw. Grundbüchern bei allen Grundstücken, die dem „sozialistischen Eigentum", auf welchem Wege auch immer, zugeführt wurden.

4.2. Die Grundstücks- und Gebäudebewertung

Ein Rechtsträgerwechsel[172] bei Volkseigentum erfolgte durch einfache Übertragungen, so daß eine Grundstücksbewertung in solchen Fällen in der Regel nicht notwendig wurde. Anders verhält es sich bei der Übertragung von nichtsozialistischem Eigentum in Volkseigentum und beim Eigentumswechsel von Privateigentum, dem individuellen Eigentum. Hier waren Bewertungen erforderlich. Bevor diese Bewertungsverfahren erläutert werden, ist das Sachverständigenwesen selbst als Instrument der sozialistischen Konzeption darzustellen.

4.2.1 Das Sachverständigenwesen

Techniker und Ingenieure der DDR waren üblicherweise in der Kammer der Technik (KDT) berufsständisch organisiert, wurden von dieser im Rahmen von Fachausschüssen betreut, weitergebildet und erhielten dort ihre Richtlinien. Der zentrale Fachausschuß Wertermittlung war dem Amt für Preise des Ministeriums der Finanzen zugeordnet, die regionalen und örtlichen Ausschüsse arbeiteten – straff organisiert – eng mit den Ämtern für Preise bei den Räten der Bezirke, Kreise und Kommunen zusammen.

Die staatliche Zulassung durch die Ämter für Preise erfolgte nach zweijähriger Ausbildung zuverlässiger Sachverständiger mit der praktischen Funktion als nebenberufli-

---

171 Mit der Löschung der Abteilung III der Grund- bzw. Liegenschaftsbücher wurde in der Regel auch die II. Abteilung mit gelöscht. Tatsächlich notwendige Rechte, wie Überfahrts- oder Leitungsrechte, sind daher nicht mehr ersichtlich.

172 Änderung des Verfügungsberechtigten innerhalb des „sozialistischen Eigentums", also Abgabe von Betriebsgrundstücken an andere Kombinate etc.

cher Außendienstmitarbeiter oder Gehilfe des jeweiligen Amtes für Preise, dem die erstatteten Gutachten zur Genehmigung vorzulegen waren.

Bei staatlich gelenkten Preisen sind für alle Waren und Dienstleistungen gesetzlich festzulegende oder zu genehmigende Preise zu fordern oder zu gewähren. Dies gilt naturgemäß auch für die Grundstückspreise. Im Grundstücksverkehr zu vereinbarende Preise mußten den gesetzlichen Bestimmungen entsprechen. Der gesetzliche Preis entspricht im Ursprung dem Einheitswert von 1935/36.

Durch kleinere Umbauten, Modernisierungen oder auch unterlassene Instandhaltungen, Abschreibungen oder sonstige Mängel waren im privaten Grundstücksverkehr Abweichungen vom Einheitswert festzustellen. Somit wurde in praktisch allen Verkaufsfällen dieser Art die Vorlage eines Gutachtens erforderlich, um die preisrechtliche Unbedenklichkeit vom zuständigen Preisorgan beim Rat des Kreises oder der Stadt bestätigt zu bekommen. Das Ermessen des Sachverständigen war durch die Wertermittlungsverfahren und -regeln praktisch minimiert, Unterscheidungen durch grobe Pauschalieransätze nicht möglich.

4.2.2 Bewertungsfälle

Erforderlich wurden Gutachten in folgenden wesentlichen Fällen:

a) Wenn Bürger ihr Eigentum zugunsten Volkseigentum verkaufen (mußten). Die Preisgesetzgebung bevorzugte diese Verkaufsabsicht durch das Einräumen gewisser monetärer Vergünstigungen.

b) Der Verkauf von Volkseigentum an Privatpersonen; dies war nur zulässig bei Ein- und Zweifamilienhäusern und erst seit März 1990 auch bei Grundstücken, welche bis dahin unverkäuflich und auf Vertragsbasis genutzt wurden.

c) Bei gerichtlichen Aufträgen oder Gleichgestellten, wie Ehescheidungen, Auflösung von Erbengemeinschaften, gerichtlichen Verkäufen, Garantieansprüchen etc.

d) Bei allen Wertfeststellungen im privaten Grundstücksverkehr der Bürger-Bürger-Beziehung.

e) In Einzelfällen im Auftrag der volkseigenen Industrie zur Feststellung von Bruttowerten unbeweglicher Grundmittel, die auf der Basis von Wiederbeschaffungspreisen zu ermitteln waren.

f) Bei Mietpreisbildungen in den Fällen, in denen keine ortsüblichen Vergleichsmieten (Vergleichsstandard Mietstop 1944) bestehen.

4.2.3 Die Bewertungsverfahren

Der Verhinderung von Gewinnerzielungsmöglichkeiten in allen Bereichen der Grundstückswirtschaft dienten die Preisanordnung Nr. 415 aus dem Jahre 1955 und die Preisverfügung Nr. 3/87 von 1987 des Amtes für Preise beim Ministerrat der DDR. Diese regelten die Kontrolle und die Festsetzung der Preise für bebaute und unbebaute Grundstücke sowie für Gebäude. Sie galt auch für die Wertermittlung durch staatlich zugelassene Sachverständige und die zuständigen Ämter für Preise auf der jeweiligen Verwaltungsebene. Der gesetzliche Preis galt als Höchstpreis, er durfte unter-, aber nicht überschritten werden.

Die Preisgesetzgebung unterscheidet nach:

- eigengenutzten Grundstücken, in der Regel Ein- und Zwei-fa milienhäuser, die nach dem *Sachwertverfahren* zu bewerten sind,
- entgeltlich genutzten Grundstücken, die ausschließlich oder überwiegend von anderen als dem Eigentümer zu Wohn oder gewerblichen Zwecken genutzt werden und die nach dem *Ertragswertverfahren* zu bewerten sind und
- *Wiederverkäufen*, wobei sicherzustellen ist, daß im nach hinein hier keine höheren Erlöse erzielt werden können als ursprünglich vom Eigentümer dafür aufgebracht wurden.

Vorbereitend zu den einzelnen Verfahren wird zunächst auf die Bodenwertermittlung eingegangen.

Die Bodenwerte bebauter und unbebauter Grundstücke waren staatlich festgelegt. Ursprünglich lag der Einheitswert des Jahres 1935/36 zugrunde. Lediglich Wertänderungen durch die Entwicklung vom Ackerland zum Bauland etc. führten zu einer Umbewertung in die zutreffende Bodenkategorie. Baulandpreise durften aber nur anerkannt werden, wenn die betreffenden Grundstücke zum Zeit-

• Gewinn in der sozialistischen Gesellschaft ausgeschlossen

• Einheitswert 1936 als Wertgrundlage

punkt des Eigentumswechsels als Bauland versteuert wurden.

Die zulässigen und somit gesetzlichen Höchstpreise sind in Kaufpreisübersichten enthalten bzw. wurden von den zuständigen örtlichen Räten beschlossen. Hinzu kamen lediglich nachweisbar gezahlte Anliegerbeiträge. Lag der letzte Kaufpreis unter dem örtlichen Bodenpreis, galt er als höchstzulässig.

Für Bauland lagen die konkreten Preise republikweit im Bereich zwischen 1,00 M und 6,00 M/m². Mietwohngrundstücke in Ostberlin in besonders guten Lagen – entsprechend einer Ausweisung der GFZ 1,5 Baustufe V/3 – waren mit höchstens 20,00 M/m² angegeben. Der republikhöchste Bodenwert betrug für die Alexanderplatzrandbebauung ausnahmsweise 180,00 M/m².

Bei landwirtschaftlich genutzten Flächen entsprachen die Vorgaben Preisen von 0,05 M–0,30 M/m², je nach Qualität. Konnten hier aus Kaufpreisübersichten keine Vergleichspreise abgeleitet werden, waren Preise zu genehmigen, die sich in Anwendung der Formel

$$\text{Bodenwertzahl} \times 40 = \text{Preis/Hektar}$$

ergaben.

Für die Bewertung des Aufwuchses von Wald wie Laub- und Nadelhölzern waren gesonderte Schätzungsrichtlinien mit niedrigen Richtsätzen heranzuziehen.

Eigengenutzte Grundstücke waren nach dem Sachwert zu bewerten.

Als eigengenutzte Grundstücke galten

- Einfamilienhäuser, Eigenheime, Hauswirtschaften, Sied lungshäuser, Wochenendhäuser, Bungalows, Lauben und Gara gen;
- eigengewerblich genutzte Grundstücke (Fabrikgrundstücke, Geschäfts- und Bürohäuser) und gemischt genutzte Grund stücke mit über 50 % eigengewerblicher Nutzung;
- landwirtschaftlich genutzte Grundstücke (Wohngebäude, Stal lungen, Scheunen);
- Gebäude aus Bodenreformgrundstücken, die einen Besitz wechsel zu verzeichnen hatten.

Der Sachwert eines Grundstückes setzt sich zusammen aus
- Bodenwert,
- Wert des Aufwuchses,
- Gebäudewert,
- Wert der baulichen Anlagen.

A) *Bodenwert und Aufwuchs*
Bewertung entsprechend den vorstehenden Erläuterungen.

B) *Gebäudewert*
Für Gebäude einschließlich An-, Um- und Ausbauten waren Preise auf der Grundlage der nachzuweisenden preisrechtlich zulässigen Baukosten des jeweiligen Baujahres anzusetzen. Als Nachweis galten
- der Nachweis durch Rechnungslegung;
- der Projektpreis unter Berücksichtigung nachzuweisender Abweichungen vom Projekt;
- eine Nachkalkulation auf der Grundlage des geltenden Preisrechts;
- der Gebäudewert auf der Grundlage des umbauten Raumes, be zogen auf die m^3-Preise der Bauwertrichttabelle, und zwar
  - bei Gebäuden, die bis zum 24. Juni 1984 errichtet wurden, durch Anwendung eines Baupreisindex von 135;
  - bei Gebäuden, die später errichtet wurden, durch Anwendung eines Baupreisindex von 360.

• Feste Baupreisindices

• Baujahre vor 1984 Index 135

In der Wertermittlung war anzugeben, für welche Leistungen oder Teilleistungen der Preisnachweis durch Rechnungslegung, Projektpreis oder Nachkalkulation geführt und wofür eine andere Bewertungsmethode angewendet wurde.

Von den Baukosten waren abzusetzen:
- *Abschreibung*
Bei der Ermittlung der Abschreibung war von der normativen Nutzungsdauer (NND) und dem Gebäudewert auszugehen. Anbauten, die unter Berücksichtigung der Nutzungsdauer eine technische und wirtschaftliche Einheit mit dem Hauptgebäude bilden (Zimmer-, Bad-Toilettenanbauten

• Baujahre nach 1984 Index 360

Tabelle 7.

Normative Nutzungsdauer	Bauweise
bis 40 Jahre	reine Holzbauweise und Ziegelbauweise bis zu einem halben Stein stark
bis 60 Jahre	Holzfachwerkbauten, Plattenbauweise auf Holzrahmenkonstruktion, Ziegel- bauweise in steinstarker Ausführung oder Baustoffe (Gas-, Holzbeton u. ä.), deren Wärmedämmung einem steinstarken Ziegelmauerwerk entspricht
bis 80 Jahre	Ziegelbauweise mit einer stärkeren Umfassung, Gas- oder Holzbetonbauweise mit einer entsprechenden Wärmedämmung, Holzbalkendecken (massive Kellerdecke)
bis 100 Jahre	Ziegel- und Betonbauweise mit massiven Decken

usw.), waren unabhängig von der konstruktiven Lösung bei der Bestimmung der NND dem Hauptgebäude zuzuordnen. Für die Bestimmung NND galt Tabelle 7.

Die NND eines Grundstückes war in Abhängigkeit von der überwiegenden Bauweise festzulegen.

Die voraussichtliche Restnutzungsdauer (RND) ergab sich grundsätzlich aus der Differenz zwischen der NND und der bisherigen Nutzungsdauer. Anbauten, die bei der Ermittlung der NND berücksichtigt wurden, waren unabhängig vom Baujahr einzubeziehen. Eine Verlängerung der RND war zulässig, wenn sich das Bauwerk in einem technisch guten Zustand befand und die wirtschaftliche Nutzungsmöglichkeit (Gebrauchseigenschaften wie Ausstattung, Raumgröße, Raumanordnung und Deckenhöhe) dieses rechtfertigte. An-, Um- und Ausbauten sowie Instandsetzungen konnten bei der Ermittlung der RND berücksichtigt werden.

– Unterlassene Instandsetzungen und Instandhaltungen
Waren zum Zeitpunkt der Bewertung Bau- und Unterhaltungsmängel vorhanden oder größere Instandsetzungen not-

wendig, so waren die Kosten dafür bei Gebäuden, die vor dem 24. Juni 1948 errichtet wurden, auf der für die Bewertung der Bausubstanz geltenden Preisbasis zu berücksichtigen. Bei später errichteten Gebäuden waren sie grundsätzlich auf der zum Zeitpunkt der Bewertung für die Bevölkerung geltenden Preisbasis anzusetzen.[173]

C) *Bauliche Anlagen*
Bauliche Anlagen waren Bauwerke, die außerhalb von Gebäuden errichtet wurden. Dazu gehörten u. a.:
- *Be- und Entwässerungsanlagen*, z. B. Gasrohrleitungen (einschl. Erdarbeiten), Erdkabel, Freileitungen, Klingel leitungen.
- *Gas- und Elektroversorgungsanlagen*, z. B. Gasrohrleitungen (einschl. Erdarbeiten), Erdkabel, Freileitungen, Klingel leitungen.
- *Gehwege und Einfriedungen*
- *sonstige bauliche Anlagen*, z. B. Schwimmbecken, Klopf stangen, Wäschepfähle.

Der Wert der baulichen Anlagen war analog den vorstehenden Vorgaben zu ermitteln.

D) *Besonderheiten bei eigengenutzten Grundstücken und Gebäuden*
Bei Grundstücken und Gebäuden, die nach dem Sachwert bewertet werden, waren folgende Besonderheiten zu beachten: Beim Verkauf volkseigener Eigenheime, Miteigentumsanteile und Gebäude für Erholungszwecke, die bis zum 24. Juni 1948 errichtet wurden, war für den Gebäudewert grundsätzlich der Baupreisindex 160 anzuwenden. Er galt auch für Nebengebäude (z. B. Stallungen, Garagen) und bauliche Anlagen, die im Zusammenhang mit der Bewertung der Gebäude standen.

Für Grundstücke, die ganz oder überwiegend eigengewerblich genutzt werden, ergab sich der höchstzulässige Preis aus dem Sachwert $\times$ 0,7.

---

[173] vgl. Preisverfügung Nr. 3/87: Bewertung von unbebauten und bebauten Grundstücken und Feststellung der Höhe der Entschädigung gemäß Entschädigungsgesetz vom 30. April 1987, herausgegeben vom Ministerrat der DDR

Zusammenfassend war für die Gebäudewerte eine Bauwertrichttabelle auf der Preisbasis 1914 anzuwenden, die durch Multiplikation des umbauten Raumes mit dem Raummeterpreis zur Bildung des Neubauwertes 1914 (Index 100 %) führt. Für die knapp 70 % aller vorhandenen Wohnungen, die vor der Währungsreform 1948 errichtet wurden, ist ein Zuschlag von 35 % (Index 135) anzusetzen, für die danach errichteten Gebäude betrug der Zuschlag 260 % (Index 360).

Die Einordnung in die Bauwertrichttabelle und der Ansatz von Zu- oder Abschlägen durch wertverbessernde Einbauten, wie Bad oder Heizungseinbau, war Aufgabe des Sachverständigen.

Solche Einbauten oblagen jedoch auch der Gesamtabschreibung des Gebäudes. Der Zeitwert eines Gebäudes ergab sich aus dem ermittelten Bruttowert abzüglich rückständiger Instandsetzungen und der üblichen Alterswertminderung.

Alle nach dem Sachwertverfahren vor 1948 errichteten und zu bewertenden Gebäude waren also letztlich zum Herstellungswert von 1935/36, d. h. dem damaligen Einheitswert, zu bewerten. Lediglich in Ausnahmefällen war auch das Mittelwertverfahren zulässig, zu dem der Ertragswert benötigt wurde.

Der Ertragswert war anzuwenden bei Mietgrundstücken. Als solche galten Grundstücke, die – auch unabhängig von ihrer eigentlichen Zweckbestimmung – ausschließlich bzw. überwiegend von anderen als dem Eigentümer zu Wohn- oder gewerblichen Zwecken genutzt wurden.

Zu Mietgrundstücken gehörten:

Mietwohngrundstücke, gemischt genutzte Grundstücke, Fabrikgrundstücke, Geschäfts- und Bürohäuser, die nicht eigengewerblich genutzt wurden.

Überstieg der Ertragswert aber den Sachwert, war der Sachwert maßgebend. Für vermietete, gewerblich genutzte Grundstücke galt als höchstzulässig der Sachwert × 0,7. Unterschritt der Ertragswert den Bodenpreis, war der Bodenpreis anzuerkennen.

Der Ertragswert ergab sich aus dem nachhaltigen Reinertrag eines Grundstückes, hier der Differenz zwischen den jährlichen Einnahmen und Ausgaben.

a) *Einnahmen*

Zu den Einnahmen gehörten die vertraglich vereinbarten und preisrechtlich zulässigen jährlichen Mieten und Entgelte einschließlich der Entgelte für Nebenleistungen, soweit sie nicht gesondert neben dem Mietpreis von den Mietern erhoben wurden, sowie alle sonstigen Einkünfte aus dem Grundstück. Dazu gehörten z. B. auch die Nutzungsentgelte für Garagen, Garagenstandplätze und Gärten.

Preisrechtlich unzulässige Einnahmen waren zu korrigieren, nur vorübergehend erzielbare Einnahmen nicht zu berücksichtigen. Dies galt auch für Mieteinnahmen bei einer vorübergehend zweckentfremdeten Nutzung. In diesen Fällen waren die Mieteinnahmen für die ursprüngliche Zweckbestimmung zugrundezulegen.

Wurde in Einzelfällen für Mietwohngrundstücke der Nachweis erbracht, daß Wertverbesserungen keine Mietpreiserhöhung zur Folge hatten, konnten nach Abstimmung mit den örtlichen Preisorganen bei Ertragswertberechnungen Mietpreise zugrundegelegt werden, die den höheren Gebrauchswert der Wohnung berücksichtigen.

b) *Ausgaben*

Zu den Ausgaben gehörten folgende Aufwendungen:

- Grundsteuer (Jahressoll);
- Bewirtschaftungskosten (Wassergeld, Gebühren für Straßenreinigung, Müllabfuhr, Haus-, Treppen- und Hoflicht, Schädlingsbekämpfung, Kehrgebühren, Versicherungsleistungen u.a.);
- Betriebskosten für technische Einrichtungen (Heizung, Warmwasserversorgung u.a.);
- Hauswartkosten einschließlich Zahlungen an die Hausgemein schaften;
- Verwaltungskosten (mindestens 5%–16% der jährlichen Einnahmen);
- Instandhaltungskosten (12%–16% der jährlichen Ein nahmen). War der Mieter zur malermäßigen Instandhaltung der Wohnung vertraglich verpflichtet, betrug das Normativ 12%, andernfalls 16%. Ein Normativ zwischen 12% und 16% war anzuwenden, wenn beide Vertragsformen innerhalb eines Hauses auftraten.

• Die Einnahmen unterlagen auch staatlicher Kontrolle

Instandsetzungskosten waren als Abschreibung von den Einnahmen zu ermitteln und als Ausgaben zu berücksichtigen.

c) *Errechnung des Ertragswertes*
Der Ertragswert war wie folgt zu errechnen:

$$\frac{\text{Reinertrag} \times 100}{5} = \text{Ertragswert}$$

d) *Unterlassene Instandsetzungen und Instandhaltungen*
Waren zum Zeitpunkt der Bewertung Bau- und Unterhaltungs mängel vorhanden oder wurden in naher Zukunft größere In standsetzungen notwendig, mußten die Kosten dafür nach den zum Zeitpunkt der Bewertung geltenden Baupreisen be rechnet und vom Ertragswert abgesetzt werden.[174]

e) *Wertverbesserungen, Um-, Aus- und Zubauten* führten in der Regel zu geringfügig höheren Mietpreisen und fanden da durch ihre Berücksichtigung im Ertragswert.

Zusammenfassend handelte es sich beim Ertragswert um die Kapitalisierung des erwirtschafteten Reinertrages, wobei die Mieteinnahmen als nachhaltig zu erzielende Erträge galten. Die Höhe des Mietzinses entsprach gleichfalls den Jahren 1936 bzw. 1944 (Stoppreis). Bei steigenden Preisen der laufenden Ausgaben und anfallenden Instandhaltungen wurde der kapitalisierungsfähige Reinertrag immer kleiner und führte zur Unterdeckung. Somit stellten Mietshäuser zunehmend eine Belastung für den Eigentümer dar.[175]

Die Mieten betragen im Durchschnitt ca. 0,80 DM–1,00 DM. Lediglich für Neubauwohnungen in Ost-Berlin waren 1,00 DM 1,87 DM zulässig. Dazu kamen noch geringe Entgelte für Nebenleistungen wie Warmwasser oder Zentralhei-

---

[174] vgl. Preisverfügung 3/87, a. a. O.

[175] Hierzu die Statistik zu den Eigentumsverhältnissen: 41,5 % aller Wohnungen befinden sich in Privateigentum 41,5 % befinden sich in Volkseigentum und 17 % des Wohnungsbestandes gehören „Gesellschaftlichen Organisationen", also den Wohnungsbaugenossenschaften etc. Faktisch befanden sich nahezu sämtliche Wohnungen in Mehrfamilienhäusern unter staatlicher bzw. kommunaler Kontrolle der KWV's. vgl. Riecke, Jost: Wohnen in der DDR. Jetzige Lage, Neuorientierungsvorschläge und Bewertung, in: Wohnungswirtschaft und Mietrecht, 43. Jg., Heft 5, Mai 1990, S. 189

zung. Mieterhöhungen waren aufgrund des geltenden Preisrechts nicht möglich.

Als Bewertungsverfahren hatte außerdem der Wiederverkaufswert Bedeutung.

Die Wiederverkaufswertberechnung legte den zuletzt beurkundeten Kaufpreis zugrunde, sofern es sich nicht um Gefälligkeitspreise, z. B. innerhalb der Familie, handelte.

Hier geht es um Wertänderungen durch An- und Umbauten seit dem letzten Verkaufsfall, wobei als Grundlage der reguläre letzte Kaufpreis, der seinerseits ja auch preisrechtlich zu genehmigen war, zugrundezulegen war. Für den Ansatz ggf. werterhöhender Maßnahmen, wie Heizungseinbau, Anbauten etc., waren spezielle Preistabellen, also eine Art Einheitspreise, heranzuziehen. Beim neu zu ermittelnden Kaufpreis waren zu berücksichtigen:

- ein zwischenzeitlich eingetretener Wertzuwachs (An-, Um und Ausbauten, Wertverbesserungen, Bebauungen);
- Instandsetzungen (Zusatzvereinbarungen);
- unterlassene Instandsetzungen und Instandhaltungen;
- die seit dem letzten Verkauf eingetretenen Abschreibungen unter Berücksichtigung werterhöhender Baumaßnahmen, die eine Verlängerung der Restnutzungsdauer rechtfertigten.

4.3 Die Zeit vor dem Einigungsvertrag

Die Auflösung des planwirtschaftlichen Systems führte hinsichtlich der Grundstücks- und Gebäudebewertung zu drei wesentlichen Diskussionsbereichen. Während zunächst die mögliche Beteiligung bundesdeutscher Unternehmen an Produktionsbetrieben, also am „Volkseigentum", starke Beachtung fand, verlagerte sich die Thematik alsbald auf den Verkauf von Einfamilienhäusern an die Nutzer und Mieter und über die Rückgabediskussion verstaatlichter Wohngebäude und Betriebe auf die Gewerbemiethöhen.

4.3.1 Joint-Venture Verordnung

Die Einfügung des Artikels 14 a in die Verfassung der DDR vom 13. Januar 1990 stellte den ersten Systembruch der Regierung Modrow mit der sozialistischen Ideologie dar. Nach diesem Artikel mußten Produktionsmittel nicht mehr ausschließlich Volkseigentum sein, sondern es wurde die Gründung von Unternehmen mit ausländischer Beteiligung gestattet. Die darauf folgende Joint-Venture-Verordnung sieht im § 17 vor, daß Boden von den Beteiligten der DDR zur Nutzung eingebracht werden konnte und daß das Nutzungsrecht am Boden zum Marktpreis zu kapitalisieren sei.

Bei eingebrachten baulichen Anlagen und Gebäuden waren diese als Sacheinlagen zu betrachten, und an diesen sollte unabhängig vom Eigentum am Grundstück selbständiges Eigentum entstehen. Gleiches galt, wenn von Unternehmen auf zur Nutzung eingebrachtem Boden Gebäude oder bauliche Anlagen errichtet würden.

Nach der Anleitung zur Bewertung von Sacheinlagen vom 8. Februar 1990 wurde vorgegeben, daß die Bewertung des Bodens in Anlehnung an den Marktwert vergleichbarer Bodenpreise im Territorium der BRD zu erfolgen habe und als Bestandteil der Kapitaleinlagen in die Eröffnungsbilanz des neugegründeten Unternehmens einfließen sollte.

Gebäude sollten nach dem Zeitwert auf der Grundlage von Wiederbeschaffungspreisen vergleichbarer Gebäude unter Berücksichtigung der Nutzungsdauer und der üblichen Abschreibung bewertet werden. Durch Zeitablauf und geringe Resonanz in der Umsetzung verlor dieser Bereich aber bald die Bedeutung.

4.3.2 Der Einfamilienhausverkauf

Wesentlich größere Auswirkungen hatte dagegen das von der Regierung Modrow am 8. März 1990 erlassene Gesetz über den möglichen Grundstücksverkauf im Ein- und Zweifamilienhausbereich an den Nutzer. Dieses stellte praktisch ein beachtliches Abschiedsgeschenk an die Führungskader des bisherigen Regimes und sonst bisher schon „Privilegierte" dar.

Die Mieter oder Nutzer von Ein- und Zweifamilienhäusern konnten diese – oder die Grundstücke dazu – erwerben, soweit diese in Volkseigentum standen. Auch wenn man berücksichtigt, daß der Index nach dem Sachwertverfahren per 1. März 1990 auf 550 % erhöht wurde, führen die nach dem Sachwertverfahren zu ermittelnden Werte unter Berücksichtigung der Preisverfügung 3/87 und der äußerst niedrigen Grundstückswerte zu extrem niedrigen Kaufpreisen.[176] Die gleichzeitige Aufhebung sämtlicher Verfügungsbeschränkungen für die Kleineigentümer von landwirtschaftlichen Flächen aus der Bodenreform blieb dabei zumeist unbeachtet.

4.3.3 Gewerbemieten

Das größte Problem für Interessenten war die Anmietung von mit Telefonen versorgten Büroflächen für ihre Vertretungen. Durch eine Gewerberaumverordnung vom 20. Mai 1990 wurde der Markt für Gewerberäume umfassend liberalisiert. Durch die entstandene Vertragsfreiheit sind die Gewerbemieten frei vereinbar.

• Gewerbemieten werden frei verhandelbar

Das Fehlen eines geregelten Marktes und mangelhafte Transparenz sowie der große akute Bedarf haben bewirkt, daß die Freigabe der Gewerbemieten teilweise zu Vertragsabschlüssen geführt hat, die weit über dem Niveau entsprechender Objekte in vergleichbaren Lagen in den alten Ländern liegen.

• Der Markt wächst ungeregelt

Statt bisheriger Durchschnittsmieten von 1,00 DM/m^2 sind hier Mietvertragsabschlüsse über 50,00 DM/m^2 und bis zu 180,00 DM/m^2 für bevorzugte Lagen in Ost-Berlin bekanntgeworden. Die Frage der Miethöhe war für viele Interessenten in einem neu zu erschließenden Markt für diese vorläufig meist zweitrangig, da die Notwendigkeit, über Räume und somit einen Standort „vor Ort" verfügen zu können, oft Priorität hatte. So waren z. B. Banken, die bisher Hoteletagen gemietet hatten, durchaus bereit, auch hohe Mietforderungen zu akzeptieren, da dies immer noch preiswerter war als die Hotelmiete für Bürozwecke.

Die Frage, bis zu welcher Höhe die Miete für den Nachfrager zumutbar ist und ab wann es für ihn lohnender ist, eine Alternative zu suchen und z. B. auf der grünen Wiese einen

---

[176] Einige der Begünstigten der Modrow-Regierung trennen sich bereits wieder von den Häusern. Bei der Differenz zwischen gesetzlichem Kaufpreis - auf Basis der Preisverfügung 3/87 - und heutigem Verkehrswert, in der Regel 500 - 1000 %, hat sich die Sache gelohnt.

Neubau zu erstellen, stellte sich in dieser Phase mangels gesicherten Baurechtes, gesicherter Grundstückseigentumsverhältnisse und wegen unsicherer Zukunftserwartungen noch nicht.

5 Die Marktbildung und -entwicklung

Die künftige Entwicklung ist sachlich und zeitlich zu gliedern, wobei ein Schwerpunkt auf die Nutzungsart zu legen ist. Auf regionale, d.h. räumliche Unterscheidungen kann hierbei verzichtet werden. Bei wenigen augenscheinlichen, geographisch ortbaren Regionalentwicklungen erfolgen entsprechende Erläuterungen bzw. Hinweise.[177]

Von besonderem Gewicht sind die Bodenbewertungsverfahren, die im Punkt 5.1 zusammengefaßt dargestellt werden. Anschließend erfolgt die sachliche Unterteilung nach den Teilmärkten:

– unbebaute Grundstücke einschließlich landwirtschaftlich genutzter Flächen,
– Gewerbe- und Industriegrundstücke sowie
– zur Wohnnutzung dienende Objekte.[178]

Auch wenn diese Oberbegriffe im Einzelfall weiter zu strukturieren sind, ist hiermit die notwendige Gesamtübersicht über das Marktgeschehen gewährleistet.

Eine Prognose hinsichtlich der Zukunftserwartung ist periodisch zu gliedern in kurzfristige, mittelfristige und länger-

---

[177] Gezielte Untersuchungen der Teilmärkte können insgesamt auch bei Vorliegen ausreichender Marktdaten nach den Unterteilungen der Baunutzungsverordnung (BauNV) oder nach den steuerlichen Grundstücksarten des Bewertungsgesetzes (BewG) erfolgen. Bei der vorliegenden Anfangssituation mit eingeschränktem Marktvolumen kann dies hier aber nicht geleistet werden, weshalb die gewählte Gliederung sich an den derzeitigen Anforderungen der Bewertungspraxis orientiert.

[178] Der Begriff „Grundstück" bezeichnet ein kataster- und grundbuchmäßig definiertes Objekt. Der Ausdruck „Fläche" findet für nutzungsspezifisch gleichartige, nicht unbedingt katastermäßig abgegrenzte Bereiche Verwendung. Als „Objekt" wird der wertrelevante Gegenstand der Betrachtung in dem einem Entscheidungsprozeß zugrundeliegenden Umfang angesprochen.

fristige Annahmen. Die Anzahl der Phasen wird wegen der schlechten und vor allem stark gesamtkonjunkturabhängigen Entwicklung auf drei beschränkt und somit gering gehalten. Der zeitliche Umfang wird analog der Bankenstatistik der Deutschen Bundesbank für die Phase 1, die kurzfristige (Einzel-) Prognose, mit einem Jahr angenommen. Die mittelfristige Zukunftserwartung in der Phase 2 bezieht sich auf das 2. bis einschließlich 4. Jahr mit der „Trendprognose", die Zeit nach Ablauf des 4. Jahres wird als „Grobschätzung" bezeichnet.

Für die Grundstücksbewertung ist der Verkehrswert als aktuelles Marktdatum in die Phase 1 einzusetzen und durch eine detaillierte analytische Bewertung entsprechend Kapitel 3 zu ermitteln. Soweit nachfolgend Einzelangaben gemacht werden, legen diese die Verkehrswerte im 1. Quartal 1991 zugrunde. Die 2. Phase analysiert lediglich den Trend der 1. Phase und überträgt ihn auf die Phase 2 unter stärkerer Beachtung der Alternativbewertung in Form einer pauschalen Methode (Trendprognose). Hier finden auch die Entscheidungswerte der Hypothekenbanken ihren ersten Ansatz.

Die 3. Phase erstreckt sich über einen sinnvoll zu wählenden Zeitraum, etwa die technische oder wirtschaftliche Nutzungsdauer eines Objektes, unter Berücksichtigung von z. B. Landesplanungsvorhaben (z. B. Planung des Naturparks Wattenmeer in Schleswig-Holstein) oder volkswirtschaftlich erkennbaren Entwicklungstrends.[179] Konkrete Zukunftsaussagen sind hier nicht mehr möglich, die Werte sind auf der Grundlage des Endwertes der Phase 2 grob zu schätzen.

Die künftige Entwicklung ist also temporär und sachlich gegliedert im entscheidungstheoretischen Rahmen zu untersuchen. Zunächst wird der Bereich der unbebauten Grundstücke für verschiedene Nutzungsarten auf Vergleichsbasis betrachtet.

---

[179] So wird erwartet, daß bei landwirtschaftlich genutzten Flächen langfristig allgemein niedrigere Preise vorherrschen werden, bedingt durch Subventionsabbau bei Getreidepreisen etc. und damit geringeren Erzeugerpreisen.

5.1 Bodenwerte

Ein planwirtschaftliches System mit gesetzlichen Preisen hat keinen eine Marktpreisbildung ermöglichenden Grundstücksverkehr. Unabhängig von der Frage, ob und inwieweit das Vergleichswertverfahren zur Bodenwertermittlung aufgrund seiner vergangenheitsbezogenen Betrachtung unter entscheidungsorientierten Prämissen zukunftsbezogene Aussagen ermöglicht, ist es in der Bundesrepublik gängige Praxis, Bodenwerte anhand von Richtwerten der Gutachterausschüsse auszuweisen, die aufgrund von Preisvergleichen ermittelt werden.

Die bisherigen Bodenwerte in den neuen Ländern beruhen dagegen auf der Einheitswertfestsetzung des Jahres 1935 unter teilweiser Fortschreibung des Wertes bei einer Nutzungsänderung. Mit der Übernahme des Baugesetzbuches besteht aber gemäß § 196 BauGB die Notwendigkeit, künftig Bodenrichtwerte auszuweisen. Darüber hinaus bieten entscheidungsorientierte Betrachtungen die Möglichkeit, Bodenwerte mit marktorientiertem Bezug zu ermitteln in einem Gebiet, in dem es bis dahin keinerlei Markt gab.

Solche objektbezogenen Anwendungen ermöglichen im Einzelfall „richtige" Ergebnisse. Als Massenverfahren hat man aber zunächst pauschale Ansätze gewählt wie das „Koeffizientenverfahren". Abgesehen von seiner ursprünglichen Bedeutung für steuerliche Zwecke hat dieses darüber hinaus erhebliche Bedeutung erlangt, da es für die Bewertung verschiedenster Grundstücksarten von den Marktteilnehmern auch herangezogen und von der Treuhandanstalt als Verkäuferin in vielen Fällen akzeptiert wird.

5.1.1 Das Koeffizientenverfahren

Nach anfänglichen Wirrungen wie dem Versuch, Bodenrichtwerte im Verhältnis 1:1 bei vergleichbaren Städten zu übernehmen oder vorhandene Einheitswerte mit dem Faktor 100 zu versehen und so einen „update" zu erreichen, hat das Wirtschaftsministerium der DDR das sog. Koeffizientenverfahren veröffentlicht in der:

„Arbeitsrichtlinie zur vorläufigen Bewertung von Grund und Boden in der DM-Eröffnungsbilanz".[180]

Der Geltungsbereich erstreckt sich auf die Bewertung von Grund und Boden zur Aufstellung der DM-Eröffnungsbilanz von ehemaligen volkseigenen Betrieben zum 1. Juli 1990. Durch ein verhältnismäßig einfaches Verfahren sollte den Unternehmen ermöglicht werden, selbst die Bodenwerte ihrer Betriebsstätten zu ermitteln.

Grundlage des Verfahrens ist ein Ausgangswert von 85,00 DM/m^2 Boden. Es handelt sich dabei um den Durchschnittsbodenwert der alten Länder der Bundesrepublik der Jahre 1985–1989.[181]

Dieser Ausgangswert ist entsprechend der jeweiligen Standortbedingungen mit verschiedenen Koeffizienten zu multiplizieren. Die Standortbedingungen werden durch verschiedene Kriterien bestimmt, die durch folgende Koeffizienten ihren Ausdruck finden:

– Territorialstruktur nach Ländern (0,6–1,5);

– Baulandarten (0,4–1,5);

– Gemeindegrößenklassen (0,4–3,5);

– Geschäfts- bzw. Industrielage (0,5–2,5);

– Erschließung und Infrastruktur (0,5–1,25);

– spezielle Wertmerkmale zur Ab- bzw. Aufwertung (0,3–1,5)

Diese Methode hat sich als bedingt brauchbar erwiesen für Grundstücke in wenig exponierten, überwiegend einfachen Lagen. Für Grundstücke in bevorzugten, zentralen oder Innenstadtlagen ist es durchweg unbrauchbar, selbst für Bilanzzwecke. Dies resultiert aus der Außerachtlassung solcher Kriterien wie z. B. „Innenstadtlage" oder „Stadtrandlage", die sich erheblich wertbeeinflussend auswirken,

---

[180] herausgegeben vom Ministerium für Wirtschaft der ehemaligen D-DR per 18.07.1990. Nach dem Entwurf zum Gesetz über die Eröffnungsbilanz in Deutscher Mark und die Kapitalneufestsetzung (DM-Bilanzgesetz) in der Fassung vom 15.08.1990 der Volkskammer der DDR ist der auf das Grundstück entfallende Teilwert des Unternehmens zu ermitteln, der im Regelfall dem Verkehrswert entspricht.

[181] Hier gilt das Niederstwertprinzip. Im Jahr 1990 betrug der durchschnittliche „Kaufwert" bereits 97,00 DM/m2. Vgl. Arbeitsrichtlinie, a. a. O., S. 4

beim Koeffizientenverfahren jedoch nicht berücksichtigt werden.

Weiterhin werden durch dieses Verfahren planungsrechtliche Entwicklungen außer acht gelassen sowie das Nord-Süd-Gefälle der neuen Länder. Das nachfolgende Beispiel zeigt die Abweichung vom Verkehrswert eines Innenstadtgrundstückes in der Kröpeliner Straße in Rostock:

- Territorialstruktur   0,6
- Baulandart   1,5
- Gemeindegrößenklasse   1,5
- Geschäftslage   2,0
- Erschließung und Infrastruktur   1,0
- spezielle Wertmerkmale   1,5

$$0,6 \times 1,5 \times 1,5 \times 2,0 \times 1,0 \times 1,5 = 4,05$$
$$4,05 \times 85,00 = \mathbf{344,25\ DM/m^2}$$

Tatsächlich gab es für das Grundstück eine erhebliche Nachfrage und der Entscheidungswert mehrerer Interessenten lag über 2.000,00 DM/m^2.[182]

Wie dieses Beispiel zeigt, war das Koeffizientenverfahren bei der Bodenwertermittlung für den vorgesehenen Zweck, als Massenverfahren eine Basis für die zum 1. Juli 1990 zu erstellenden Eröffnungsbilanzen der ehemals volkseigenen Betriebe zu schaffen, bedingt anwendbar, darüber hinaus ist es aber zur Verkehrswertbestimmung ungeeignet.

Für den Bereich der landwirtschaftlich genutzten Flächen ist die folgende Formel als Grundsatz zur Bodenbewertung in der Arbeitsrichtlinie[183] vorgegeben:

$$\text{Bodenbonität} \times 150 = \text{Preis/ha}$$

---

[182] Der Betrag von 2.000,00 DM/m^2 wurde als Verkehrswert nach dem Vergleichswertverfahren entsprechend dem nachfolgend dargestellten Bewertungsansatz ermittelt. Hierbei wurden als Vergleichsstädte Lübeck und Flensburg als alte Hansestädte aufgrund ihrer Größen etc. für den Ausgangswert herangezogen, mit Bodenrichtwerten von bis zu 4.000,00 DM/m2 bei vergleichbarer GFZ, die anzupassen waren.

[183] vgl. Punkt 5 der Arbeitsrichtlinie, a. a. O., S. 4

Dies führt zu folgenden Beispielpreisen:

Ertragsmeßzahl/ha	Bodenpreis/ha in DM
20	3.000,00
40	6.000,00
60	9.000,00
80	12.000,00

Auf die Verkehrswerte und die Entwicklung dieses Teilmarktes wird unter Pkt. 5.2.1 eingegangen. Zunächst ist auf die Ermittlung von Vergleichspreisen und die Grundlagen hierzu einzugehen.

5.1.2 Die Anpassung von Bodenrichtwerten

Vergleichspreise werden auf der Grundlage durchgeführter Kaufverträge anderer Grundstücke ermittelt. Wenn, wie hier, andere Kaufpreise nicht herangezogen werden können und pauschale Verfahren wie vorstehend gezeigt nicht zu allgemein gültigen Ergebnissen führen, ist auf Hilfsverfahren zurückzugreifen. Als solches ist die Übertragung von Bodenrichtwerten der alten Länder anzusehen, da davon auszugehen ist, daß in einem künftig einheitlichen Rechts-, Wirtschafts- und Sozialsystem auch einheitliche Bodenwertverhältnisse entstehen.[184] Die Übertragung von Richtwerten bedingt die Übereinstimmung der zugrundeliegenden Faktoren oder die Anpassung derselben durch ein gesondertes Bewertungskalkül. Elemente solcher Anpassungen werden hier untersucht, dazu ist der Bodenrichtwertbegriff zu betrachten.

Bodenrichtwerte sind definiert als durchschnittliche Lagewerte, die für eine Mehrzahl von Grundstücken ermittelt

---

[184] Diese pauschale Aussage impliziert die Behauptung, daß sich Auswirkungen nur von den alten Ländern in die neuen Länder ergeben. Dies kann für die Mehrzahl der Teilmärkte auch angenommen werden. In einzelnen Bereichen wie der Landwirtschaft sind aber durchaus Rückwirkungen auf die alten Länder feststellbar. Dies ist nur insofern ohne Bedeutung, da beim Produktionsfaktor Boden ohnehin zunehmend ertragsorientierte Entscheidungswerte dominieren.

werden, die in ihren tatsächlichen und rechtlichen Merkmalen weitgehend übereinstimmen, die eine im wesentlichen gleiche Struktur und Lage haben und in begrenzten Flächen (Bodenrichtwertzonen) zu einem Bewertungsstichtag ein ähnliches Preisniveau aufweisen.

Die Richtwerte in den alten Ländern werden durch Auswertung der Kaufpreissammlung aller getätigten Grundstücksverkäufe in der Regel statistisch ermittelt.

Die Bodenrichtwertzonen berücksichtigen nicht besondere Eigenschaften und Abweichungen bei einzelnen wertbestimmenden Merkmalen, insbesondere bei der Verkehrs- bzw. Geschäftslage, bei Art und Maß der baulichen Nutzung, bei der Grundstücksgestalt, der Bodenbeschaffenheit, der Erschließung und andere Rechte oder wertmindernde Belastungen.

Zunächst werden dem Bewertungsobjekt oder der Bewertungszone die amtlichen Bodenrichtwerte von Gemeinden und Städten ähnlicher Größe und Struktur zugrundegelegt. Der Auswahl geeigneter Referenzwerte kommt zwar einige Bedeutung zu, aber bei Kenntnis der wesentlichen demographischen Kennzahlen ist die Übertragung nicht sonderlich schwierig.[185] Als brauchbar haben sich z. B. Vergleiche von Magdeburg mit Hannover, Rostock mit Kiel und Leipzig mit Nürnberg erwiesen.[186]

Auch die Auswahl der Referenzgebiete ist praktisch vollziehbar, größere Probleme bereitet dann aber die grundstücksspezifische Vergleichsauswahl. Richtwerte sind ausgewiesen für ein spezielles Maß oder die Art der baulichen Nutzung. Bei nicht vorhandenen Flächennutzungs- und Bebauungsplänen sind aber lediglich Baulückenschließungen oder ähnlich gelagerte einfache Fälle problemlos hinsichtlich des Nutzungspotentials einzuordnen. Nur mittelfristig ist hier durch die Landesentwicklungs-, Flächennutzungs- und Bebauungsplanung größere Sicherheit erreichbar. Bis dahin sind Annahmen notwendig. Als Ergebnis liegt an die-

• Bodenrichtwertzonen sind sehr pauschal angelegt

• Spezifische Vergleiche sind äußerst schwierig

---

[185] Dies auch deshalb, weil abgesehen von dem Nord-Süd-Preisgefälle in den alten Ländern die Richtwerte nur in einem nachvollziehbaren Rahmen differieren.

[186] Auf die besondere Situation Berlins wird nachfolgend noch separat eingegangen.

ser Stelle nach der Einzelfallbewertung ein auf das Erkenntnisobjekt abgestellter übertragener Bodenwert vor.

In den neuen Ländern sind sodann die unterschiedlichen Standortbedingungen, die abweichende Infrastruktur und andere erkennbare Einflüsse zusätzlich zu gewichten und beim Bodenwert in Ansatz zu bringen. Diese weiteren wertbeeinflussenden Faktoren, die in der nachfolgenden Tabelle ungewichtet dargestellt werden, führen zu den wesentlichen Abweichungen bei den Bodenpreisen. Vereinfachend kann man sie untergliedern in

– lagebedingte Faktoren;

– Infrastrukturbedingungen;

– wirtschaftliche, politische, rechtliche Faktoren.

● Die spezifischen Faktoren sind zu untersuchen

Zur Bewertung solcher Faktoren wird regelmäßig ein „Zielbaumverfahren" nach Dr. Ing. Aurnhammer[187] herangezogen, in letzter Zeit als „Multifaktorenanalyse"[188] bekannt.

Bei den lagebedingten Faktoren sind in der Regel Abweichungen bei der Verkehrsanbindung zu verzeichnen, d. h. Nahbereichsanbindungen sind mit durchschnittlich geringerer Frequenz und Kapazität vorhanden. Die Tragfähigkeit von Brücken, der allgemeine Ausbau des Straßennetzes und die Straßenbeschaffenheit selbst weisen Abweichungen auf.

Der Zustand der umgebenden Bausubstanz wirkt sich aus, wie auch die vielfach fehlende Freiheit von Umweltbelastungen durch Staub, Gerüche und Einschränkungen verschiedenster Art.

Der zweite Bereich, die Abweichungen in der Infrastruktur, ist gestaffelt nach regionaler, quartiersbezogener und grundstücksbezogener Infrastruktur zu differenzieren und je nach örtlichen Gegebenheiten zu würdigen. Hierzu gehören auch Ver- und Entsorgungsanschlüsse, Strom, Gas und Telefon, die Kanalisationssituation, die Kapazität evtl. Kläranlagen und die im Einzelfall erheblichen notwendigen eigenen Maßnahmen dieser Art.

Die wirtschaftlichen, politischen und rechtlichen Faktoren schlagen sich nieder in der Strukturentwicklung des Ge-

---

[187] unveröffentlichte Lehrgangsunterlagen
[188] vgl. Erster Bericht des Sachverständigenausschusses an den Magistrat von Berlin vom 25. Juli 1990, S. 4

bietes, wozu auch das ggf. höhere Alternativangebot gehört. Weiterhin wirkt sich das weitgehende Fehlen von Flächennutzungs- und Bebauungsplänen zumindest im gewerblichen Bereich und im Außenbereich aus. Die Mietentwicklung ist zu berücksichtigen, das Vermietungsrisiko ist gesondert zu untersuchen.

Tabelle 8. Zusammenfassung abweichender Merkmale DDR

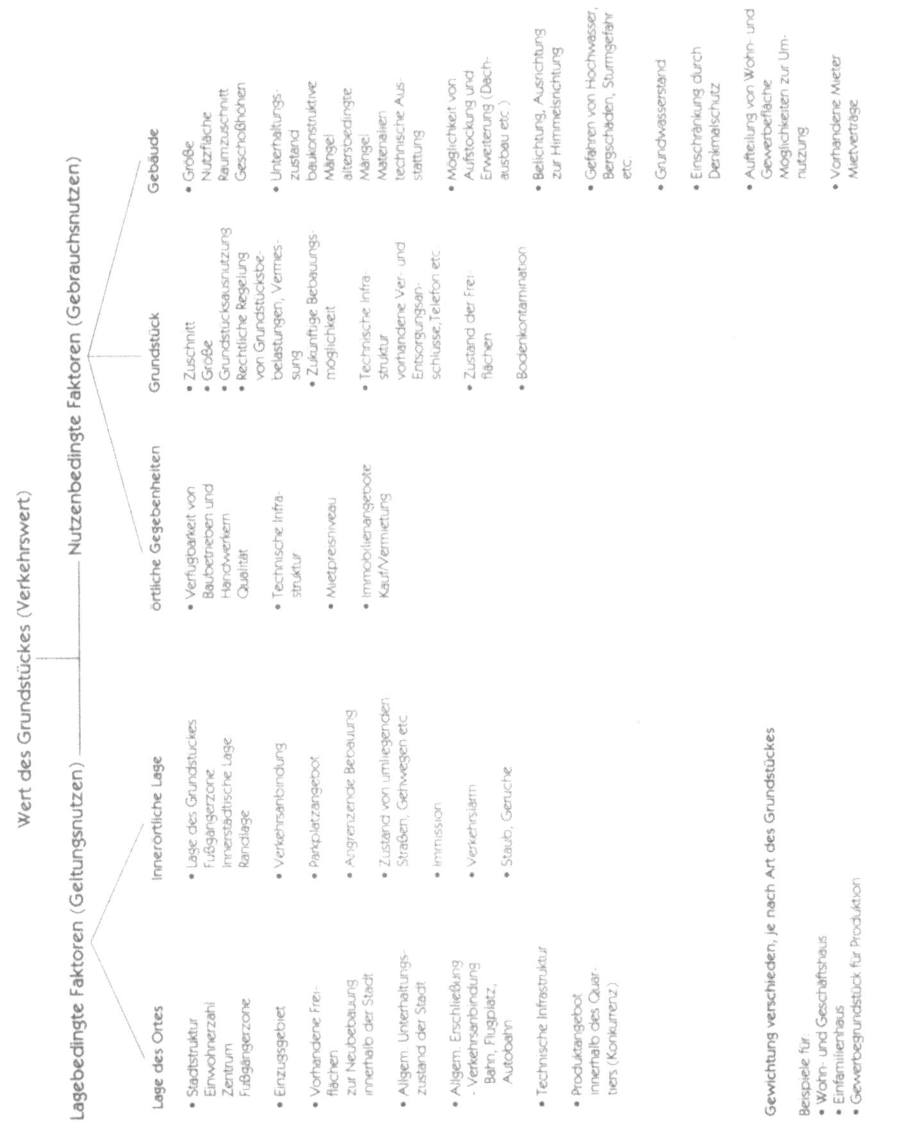

Wert des Grundstückes (Verkehrswert)

Lagebedingte Faktoren (Geltungsnutzen) —————— Nutzenbedingte Faktoren (Gebrauchsnutzen)

Lage des Ortes	Innerörtliche Lage	örtliche Gegebenheiten	Grundstück	Gebäude
• Stadtstruktur Einwohnerzahl Zentrum Fußgängerzone	• Lage des Grundstuckes Fußgängerzone Innerstädtische Lage Randlage	• Verfügbarkeit von Baubetrieben und Handwerkern Qualität	• Zuschnitt	• Größe Nutzfläche Raumzuschnitt Geschoßhöhen
• Einzugsgebiet	• Verkehrsanbindung	• Technische Infrastruktur	• Größe	• Unterhaltungszustand baukonstruktive Mängel altersbedingte Mängel Materialien technische Ausstattung
• Vorhandene Freiflächen zur Neubebauung innerhalb der Stadt	• Parkplatzangebot	• Mietpreisniveau	• Grundstücksausnutzung	• Möglichkeit von Aufstockung und Erweiterung (Dachausbau etc.)
• Allgem. Unterhaltungszustand der Stadt	• Angrenzende Bebauung	• Immobilienangebote Kauf/Vermietung	• Rechtliche Regelung von Grundstücksbelastungen, Vermessung	• Belichtung, Ausrichtung zur Himmelsrichtung
• Allgem. Erschließung - Verkehrsanbindung Bahn, Flugplatz, Autobahn	• Zustand von umliegenden Straßen, Gehwegen etc.		• Zukünftige Bebauungsmöglichkeit	• Gefahren von Hochwasser, Bergschäden, Sturmgefahr etc.
• Technische Infrastruktur	• Immission		• Technische Infrastruktur vorhandene Ver- und Entsorgungsanschlüsse, Telefon etc.	• Grundwasserstand
• Produktangebot innerhalb des Quartiers (Konkurrenz)	• Verkehrslärm		• Zustand der Freiflächen	• Einschränkung durch Denkmalschutz
	• Staub, Geruche		• Bodenkontamination	• Aufteilung von Wohn- und Gewerbefläche Möglichkeiten zur Umnutzung
				• Vorhandene Mieter Mietverträge

Gewichtung verschieden, je nach Art des Grundstückes

Beispiele für:
• Wohn- und Geschäftshaus
• Einfamilienhaus
• Gewerbegrundstück für Produktion

Die Durchführung von Bautätigkeiten schlägt sich nieder im Bauzeitablauf, in Materialbeschaffungsproblemen, in der handwerklichen Qualität und in Unsicherheiten beim Genehmigungsverfahren, die sich andererseits durch die noch fehlende Bauleit- und Bebauungsplanung durchaus unterschiedlich beurteilen läßt.

Die Beleihungsmöglichkeiten sind ein weiterer beachtlicher Faktor. Sofern gesicherte Grundbuchverhältnisse hergestellt werden können, ist auch eine Beleihungsmöglichkeit gegeben. Dabei sind Entschädigungsrisiken nach Vorliegen der entsprechenden Gesetze abschätzbar. Angesichts der teilweisen Grundbuchunsicherheiten ist der Bereich der Eigentumssicherheit zu beachten. Auch Lastenfreiheiten in Abteilung II stellen Risiken dar, erforderliche Rechte Dritter sind vielfach nicht eingetragen, insbesondere bei ehemals volkseigenen Grundstücken.

Beispiel:

Als vereinfachtes Beispiel wird ein bebautes Grundstück in Berlin-Mitte, Brüderstraße, als Bewertungsobjekt gewählt. Die Nutzung entspricht der eines Kerngebietes. Aufgrund der zentralen Lage und der übrigen Merkmale wird der Nebenstraßenbereich des Kurfürstendammes zwischen Uhlandstraße und Keithstraße/An der Urania, also ein Kerngebiet mit der Baustufe V/3, GFZ 1,5 als Vergleichsgebiet herangezogen. Vergleichswert als übertragener und grundstücksspezifisch angepaßter Richtwert: 5.000,00 DM/m^2.

Der Gesamtwert wird aufgeteilt in lagebedingte Faktoren (40,0 %), Infrastruktur (20 %) und wirtschaftliche, politische und rechtliche Faktoren (40,0 %). Unterpunkte zu diesen Bereichen werden gegenübergestellt und anhand einer Skala von 0 (nachteilig) bis 10 (sehr gut) gewichtet.[189]

---

[189] Dieses Beispiel ist ohne den Anspruch auf Vollständigkeit auf die speziellen Berliner Verhältnisse abgestellt. In anderen Städten der neuen Länder ist neben anderen und anders zu gewichtenden Unterpunkten vor allem die Wichtung der Faktoren anders vorzunehmen. Insbesondere ist der Wertanteil „Infrastruktur" höher anzusetzen. Ein ähnliches Schema wurde von dem Sachverständigen Roland R. Vogel in Berlin vorgestellt. Vgl. Vogel, Roland : Zur Ermittlung von Grundstückswerten (Bodenpreisen) in der DDR. Bedarf an Grundstücksbewertungen in der DDR, in: Betriebs-Berater, Beilage 33 zu Heft 26/1990: DDR - Rechtsentwicklungen, S. 8-17

Lagebedingte Faktoren Wertanteil 40 %	Berlin-West	Berlin-Mitte
Verkehrsanbindung	8	6
Umgebung	8	5
Umweltfaktoren	5	3
	21	**14**

Infrastruktur Wertanteil 20,0 %	Berlin-West	Berlin-Mitte
Regionale Infrastruktur	7	5
Quartiersbezogene Infrastruktur	9	7
	16	**12**

Wirtschaftliche, politische und rechtliche Faktoren Wertanteil 40 %	Berlin-West	Berlin-Mitte
Entwicklungspotential des Gebietes	5	8
Durchführung von Bautätigkeiten	5	3
Beleihungsmöglichkeiten	5	3
Eigentumssicherheit, Freiheit von Rechten Dritter	5	3
	20	**17**

Anteil des Bewertungsobjektes am Vergleichswert:

Lagebedingte Faktoren:	$14/21 \times 40$	=	26,67 %
Infrastruktur:	$12/16 \times 20$	=	15,00 %
Wirtschaftl., politische und rechtliche Faktoren:	$17/20 \times 40$	=	34,00 %
Insgesamt:			75,67 %
	rd.		76,00 %

Bodenwert hiernach:

$$5.000,00 \text{ DM/m}^2 \times 76,00\,\% \qquad \mathbf{= 3.800,00 \ DM/m^2}$$

Nach den Berliner „Leitwerten" ergibt sich hier ein Bodenwert im Bereich zwischen 2.000,00 DM/m² und 3.000,00

DM/m^2. Auf diese und auf ihre Entstehung wird nachfolgend eingegangen.

5.1.3 Berliner Leitwerte

Für Ostberlin hat der Magistrat im Mai 1990 einen Sachverständigenausschuß mit der Aufgabe betraut, sog. „Bodenleitwerte" zu ermitteln. Unter Betreuung durch die Geschäftsstelle des Gutachterausschusses von Berlin (West) wurden repräsentative Bereiche mit verschiedenen Nutzungsarten definiert und aus gebietstypisch vergleichbaren Westberliner Gebieten entsprechender Nutzung die Richtwerte der Festsetzung zum 31.12.1988 herangezogen, die zum Stichtag bereits um durchschnittlich 15 % überschritten wurden.

Die Westberliner Richtwerte wurden durch prozentuale Abschläge aufgrund der Baulandknappheit, der Insellage, der öffentlichen Förderungen sowie der Rendite- und Einkommenssituation reduziert. Mit Hilfe der „Multifaktorenanalyse" erfolgte sodann eine weitere Anpassung, indem die Erfüllung des Oberzieles Vergleichbarkeit aus der Erfüllung der Teilziele, wie technische und soziale Infrastruktur, Verkehrslage und Gebietseinschätzung, abgeleitet wurde.

Im Ergebnis hat dies zu erheblich unter den Westberliner Richtwerten liegenden, gleichmäßigen Leitwerten geführt. Aufgrund der frühzeitigen Vorlage sowie der akzeptabel maßvollen Höhe[190] im Vergleich zu Westberlin, haben sich die Leitwerte erheblich auf das Marktverhalten der Teilnehmer ausgewirkt. Im Bereich der unbebauten Grundstücke ist so in Rand- und Außenbereichen eine deutlich preisbildende Funktion hinsichtlich der Einzelprognose feststellbar. Im zentralen Bereich dominieren naturgemäß Wertansätze auf entscheidungstheoretischer Grundlage, die Leitwerte blieben – soweit nicht behördliche Anbieter bzw. die Treuhandanstalt als Verkäufer auftraten – unbeachtet.

Für den Berliner Bereich ist eine Trendprognose wie auch eine Grobschätzung aus der Situationsbetrachtung abzulei-

---

[190] vgl. die Einzelwerte in „Erster Bericht des Sachverständigenausschusses", a. a. O., Anlage: Leitwerte

ten. Diese erfolgt im Rahmen der Sachgliederung, wobei an dieser Stelle vorwegzunehmen ist, daß eine Anpassung wie bei den Leitwerten aufgrund berlinspezifischer Besonderheiten, wie Insellage, Baulandknappheit etc., nicht vorzunehmen ist. Steigende Gesamtstandortnachfrage und ein im Vergleich zu anderen Großstädten niedriges Ausgangsniveau hat diese Faktoren überkompensiert und ein allgemein weiter deutlich steigendes Preisniveau zur Folge.

5.2. Unbebaute Flächen

Die bisherigen Betrachtungen hatten die Ermittlung von Bodenwerten zum Gegenstand, ohne Berücksichtigung eines Bebauungszustandes. Dies ist auch auf die erhebliche Bedeutung des Bodenwertes als Element der herkömmlichen Wertermittlungsverfahren zurückzuführen, trotz des Mangels, daß es sich letztlich um realisierten Nutzen handelt.

Im folgenden wird die Marktentstehung und -entwicklung untersucht, getrennt nach den Bereichen bebaut und unbebaut. Die Betrachtung des potentiellen Nutzungspotentials erfolgt zunächst für unbebaute Flächen. Auf eine Unterteilung nach den rechtlichen Zustandsarten, wie Bauerwartungsland oder Rohbauland etc., wird wegen der fehlenden oder unzureichenden Landesentwicklungs-, Raumordnungs-, Flächennutzungs- und Bebauungsplanung verzichtet.

Entsprechend den praktischen Bewertungsanforderungen wird von einer Bebaubarkeit für Gewerbe- und Industrie- sowie für Wohnnutzungen ausgegangen, wobei sich die baurechtliche Unsicherheit als Umweltfaktor niederschlägt. Für künftig unbebaubare, landwirtschaftlich zu nutzende Flächen, deren Betrachtung aufgrund des erheblichen Marktvolumens unverzichtbar ist, sind planungsrechtliche Unsicherheiten nicht zu verzeichnen.

5.2.1. Landwirtschaftliche Nutzflächen

Die kollektive, planwirtschaftliche Landwirtschaft wird überführt in privatwirtschaftliche Einzelbetriebe. Dies erfordert die Aufgabe der VEG's (Volkseigenen Güter) und der überwiegenden Anzahl der LPG's (Landwirtschaftlichen

• Die Nachwirkungen
der Bodenreform

Produktionsgenossenschaften) sowie die Gründung neuer
bzw. kleinerer Einheiten.

Betriebswirtschaftlich notwendige Größen sind bei der
Pflanzenproduktion 200 bis 500 ha je Betrieb, bei der Tier-
produktion sind auch kleinere Flächen möglich. Die Verfügungsberechtigten sind in drei Gruppen unterteilbar:
– die LPG-Bauern verfügen im Durchschnitt über je 5–8 ha.
– vor der Bodenreform bestehende Betriebe unter 100 ha
   wurden im Regelfall nicht enteignet. Hier sind Neugrün-
   dungen theoretisch möglich, wegen der hohen Inventar-
   und Gebäudekosten sowie der oft mangelnden Qualifika-
   tion der Eigentümer und der betriebswirtschaftlich zu geringen Flächen aber nur im Einzelfall möglich.
– die VEG's unterstehen als ehemaliges Volkseigentum der
   Treuhandanstalt, die auch über die weiteren in Volkseigentum gelangten Flächen der beiden vorstehenden Gruppen verfügt und erhebliche Teile künftig auf Länder und
   Kommunen überträgt.

Ein hoher Anteil der LPG-Flächen wird zunehmend angeboten. Das Problem, hieraus die erforderlichen größeren
Einheiten zu errichten, wirkt sich nachteilig auf die Preis-
höhe aus. Weitere Probleme bestehen hinsichtlich der katastermäßigen Lage wegen meist fehlender Grenzsteine
usw.

Gefragter sind die Flächen bis 100 ha, da hierzu meist
noch frühere Betriebsgebäude gehören und sich schneller
ausreichende Betriebsgrößen zusammenstellen lassen.

Die Treuhand ist wegen der Unsicherheiten über den
rechtlichen Bestand der Bodenreform und die Frage, ob
nicht auch bei deren Bestand statt Entschädigungen eher
Rückgaben an die enteigneten Eigentümer vorgenommen
werden sollen, jetzt nur zu Verkäufen bei der Umwidmung
in Wohn-, Gewerbe- oder Industriegebiete bereit. Im übrigen
werden noch kurz-, künftig auch längerfristige Pachtverhältnisse angestrebt.

Erhebliche Probleme stellen die personellen Überbeset-
zungen der jetzigen LPG's und VEG's dar. Statt 5 Mitarbeiter
je 100 ha, wie in den alten Ländern, sind hier noch durchschnittlich 12 Mitarbeiter beschäftigt. Diese nachteilige Per-
sonalstruktur wie auch die geänderte Absatzform (fehlende

Lagerhaltungsmöglichkeiten, andere Qualitätsanforderungen an Produkte wie EG-Normen usw.) beschleunigen den Umstrukturierungsdruck und führen bei den LPG's zu Konkursen. Das hierdurch steigende Angebot hat zu einer Situation geführt, dem die Nachfrage kaum entspricht.

Wie sich gezeigt hat, sind daher auch die Ansätze der Einzelprognose weit unter den Ansätzen des Koeffizientenverfahrens vorzunehmen. Die Verkehrswerte liegen bei rd. 30% der Sätze des Koeffizientenverfahrens. Bei Bodenpunkten von 40 bis 60 betragen die Kaufpreise derzeit zwischen 2.000,00 und 3.500,00 DM/ha.

Mittelfristig sind die erforderlichen Betriebsgrößen von 300–500 ha je Betrieb[191], die unzureichende Wirtschaftsgebäudesituation und die hohen erforderlichen Betriebsinvestitionen für Maschinen etc. von 3.000–5.000,00 DM je ha sowie das hohe Zinsniveau nachfragedämpfend. Langfristig wirkt sich die Erwartung sinkender Agrarpreise im Rahmen der EG-/Weltmarktpreisanpassung und die erwartete Notwendigkeit eines weiter steigenden Angebots durch Verkäufe von Flächen Volkseigener Güter (VEG's) durch die Treuhandanstalt auf den Markt aus.

Nach der Betrachtung des Marktes für landwirtschaftlich zu nutzende Flächen werden die übrigen Bodenwerte von Grundstücken betrachtet, die derzeit unbebaut sind, deren Bebauung aber möglich oder wahrscheinlich ist und die dem entsprechenden Markt zuzuordnen sind.

5.2.2 Neue Industrie- und Gewerbeflächen

Preisbildende Vorbildfunktion hatte zunächst die Treuhandanstalt für Flächen im Außenbereich, insbesondere auch, weil sie im Bereich der VEG's immer wieder bei Einzelflächen als Verkäuferin auftrat. Abgesehen von einem erhöhten Preisniveau im Großraum Berlin – bedingt durch eine Vielzahl von Investitionsvorhaben für Gewerbeparks und Freizeiteinrichtungen, wobei unzählige Golfplatzvorhaben die größten Flächenansprüche haben – werden die Ein-

---

[191] vgl. Agrar- und ernährungspolitischer Bericht, Bundestagsdrucksache 12/70, 12/71, Materialband 1991

zelprognosen von dem Koeffizientenverfahren bestimmt. Dies bedeutet m^2-Preise von 5,00–8,00 DM/m^2 bei unerschlossenen Flächen. Letztlich entspricht dies auch dem Niveau der alten Länder, wenn man berücksichtigt, daß als Überschlagswert für Erschließungsmaßnahmen rd. 80,00 DM/m^2 vom Investor aufzubringen sind. Vielfach herrscht auch der gute Glaube an entsprechende Genehmigungen zur Bebaubarkeit vor, der durch den Stand der Planfeststellungsverfahren nicht gerechtfertigt ist.

Öffentliche Erschließungsmaßnahmen werden aufgrund mangelnder Umsetzung gemeindlicher Vorhaben erst bei der mittelfristigen Prognose ihren Niederschlag finden und nicht in voller Höhe umgelegt werden können. In diesem Bereich sind Preise – je nach Lage und Größe – im Bereich zwischen 20,00 DM und 60,00 DM/m^2 zugrundezulegen.

Aufgrund des erheblichen Arbeitsplatz- und Steueraufkommensinteresses der Gemeinden und Städte ist für die Grobschätzung von einem weiter steigenden Angebot auszugehen, mit der Folge zumindest stagnierender Preise.

5.2.3 Flächen zur Wohnbebauung

Im Bereich der Wohnbebauungsvorhaben ist ein erhöhtes Ausgangsniveau der Werte (April '91) zu verzeichnen, die hier bereits für unerschlossene Flächen bei 20,00–80,00 DM/m^2 liegen. Wegen der geringen Anzahl entsprechender Projekte – die öffentlichen Förderprogramme sind noch nicht umgesetzt – ist dieser Teilmarkt noch unbedeutend. Hier besteht auch ein direktes politisches Konkurrenzverhalten zu erforderlichen Innenstadt- oder Gemeindeerneuerungen. Die mittelfristige Prognose ergibt lediglich für den Großraum Berlin ein Preisniveau von 200,00–400,00 DM/m^2, die übrigen regionalen Entwicklungen sind derzeit (April '91) nicht signifikant.

Zur Grobschätzung wird von Preisverhältnissen entsprechend dem Niveau der alten Länder ausgegangen, vor allem bedingt durch die erheblichen Infrastrukturmaßnahmen der öffentlichen Hand, die gegenwärtig zur Umsetzung anstehen.

Die Infrastrukturentwicklung ist als wertbildendes Element für alle Grundstücksarten anzusehen. Erschließung und planungsrechtliche Vorgaben sind objektbezogene wesentliche Merkmale bisher unbebauter Flächen. Bei bebauten Grundstükken ist das Einflußniveau aufgrund der rechtlichen Bestandssicherheit und der vorhandenen Erschließung geringer.

5.3 Bebaute Grundstücke

Von Bedeutung für das Nutzungspotential sind bei bebauten Grundstücken u.a. auch die durch die bebaute Situation vorgegebenen Merkmale, wie Bauart, Beschaffenheit, Grundriß, Geschoßhöhen und Lage der Baukörper usw., deren Änderung zusätzlichen Aufwand erfordert.

Die Gewichtung im Rahmen des Entscheidungsprozesses ist stark von den künftigen Nutzungsanforderungen geprägt. Während bei Wohnungsbauten die Modernisierung und Instandsetzung vorhandener Objekte dominiert, sind im Gewerbe- und Industriebereich u. U. gravierende substantielle Eingriffe erforderlich.

• Schlechter Zustand der Gebäude wirkt wertmindernd

Einen in den alten Ländern nur gering ausgeprägten, hier aber beachtlichen Teilmarkt stellen die Ferienobjekte dar. Dieser wird nachfolgend im Zusammenhang mit dem aus wirtschaftlicher Sicht wichtigen Hotelbereich betrachtet, bevor auf Industrie- und Gewerbeobjekte und nachfolgend abschließend auf die Wohnbebauung eingegangen wird.

5.3.1 Ferienobjekte und Hotels

Die Einschränkung der Reisemöglichkeiten für DDR-Bewohner hat zu einem erheblichen Bedarf an „inländischen" Unterbringungsmöglichkeiten für Freizeit- und Urlaubszwecke geführt, dem durch die Errichtung von Ferienobjekten begegnet wurde. Der Unterbringung bei betrieblich bedingten Reisen dienten Gästehäuser, während westlichen Ausländern gegen Devisen die Interhotels vorbehalten waren. Der größte Teil dieser Objekte wird veräußert, wobei quantitativ die Ferienobjekte dominieren.

• Großes Angebot an Freizeitobjekten von geringem Reiz

Innerhalb der Kombinate verfügten nahezu alle nachgeordneten Betriebe sowie die gesellschaftlichen Organisationen einschließlich der Gewerkschaft über sog. Ferienobjekte, die den Mitarbeitern für Urlaubszwecke zur Verfügung gestellt wurden.

Trotz vielfach reizvoller landschaftlicher Lage sind sie als Reiseziele nach heutigen Maßstäben meist unattraktiv und liegen vielfach in abgeschiedenen, touristisch unerschlossenen Gebieten ohne ausreichende Versorgungsmöglichkeiten. Die Betriebe sind daher überwiegend nicht interessiert oder in der Lage, diese weiter zu betreiben und zu unterhalten.

Baulich handelt es sich im Regelstandard um nur saisonbedingt nutzbare Leichtbauweisen in Bungalowform. Die Ausstattung ist meist einfach, z. T. veraltet. Die sanitären Einrichtungen und die Heizung sind in fast allen Bereichen unzureichend, überwiegend stehen Gemeinschaftswaschräume zur Verfügung.

Aufgrund des erheblichen Angebotes an solchen Objekten und der meist abgeschiedenen Lage sind im Regelfall Bodenwerte zwischen 5,00 DM/m^2 und 6,00 DM/m^2 anzusetzen, wobei die Bebauung völlig unberücksichtigt bleibt. Lediglich bei Objekten in massiver Bauweise mit Nutzungsmöglichkeiten als Wochenendhäuser und bei Grundstücken in touristisch attraktiven Lagen und in traditionellen Urlaubsgebieten, wie an der Ostsee sowie im direkten Einzugsgebiet von Großstädten, ergeben sich höhere Werte bei der Einzelprognose.

Für Trendprognosen und Grobschätzungen ist wegen eines künftig abnehmenden Angebots und einer zu erwartenden Kapitalbildung der Nachfrager aber mit einer leichten Steigerung zu rechnen.

Insgesamt liegen aber der Nachfrage Entscheidungswerte nichtkommerzieller Interessenten zugrunde. Ertragsgesichtspunkte kommen nur bei gewerblicher Beherbergung, also bei Hotel- und Pensionsbetrieben zum Tragen.

An Hotels und Pensionen besteht in den neuen Ländern ein starker Bedarf. Dieser wird einerseits gedeckt durch die ehemaligen Interhotels, die einen akzeptablen Standard – im Einzelfall auch in der 5-Sterne-Kategorie – aufweisen, andererseits durch die Umwandlung früherer Gästehäuser der Kombinate, des Staatsapparates und der gesellschaftlichen Organisationen sowie durch vereinzelte kleinere Hotels und Privatpensionen.

Bei Hotels handelt es sich um reine Ertragsobjekte. Die Bewertung erfolgt nach der sog. „Pachtwertmethode", bei der ein Pachtwert aus dem Umsatz abgeleitet wird.

Der Umsatz ergibt sich aus den Einnahmen aus Beherbergung und Verpflegung unter Berücksichtigung der Auslastung. Diese ist neben der Lage und den baulichen Verhältnissen sowie der sonstigen Attraktivität vor allem vom Management abhängig.

Der Pachtwert beträgt zwischen 16,0 und 20,0 % der geschätzten Einnahmen aus Beherbergung. In nahezu allen Fällen sind erhebliche Instandsetzungs- und Modernisierungskosten anzusetzen, um eine nachhaltige Nutzung als Hotel zu gewährleisten. Für die angegliederten gastronomischen Bereiche werden als Erträge 6,0 %–10,0 % des Umsatzes als Pachtwert angesetzt. Bei Gaststätten bzw. Restaurants führt jedoch auch ein ortsüblicher Mietwert (DM/m^2) zu einem Ergebnis.

Nachfrager der großen Interhotels waren die internationalen Hotelgruppen, wobei auf diesem Markt übliche Verkehrswerte zugrundegelegt werden. Teilweise unzureichende Austattungsund Raumgrößenstandards werden durch Lagefaktoren und Standortsicherungsinteressen kompensiert.

Kleinere Hotels und Spitzenhäuser der gesellschaftlichen Organisationen einschließlich der Partei, des Staatssicherheitsdienstes und der NVA in überwiegend hervorragenden touristischen und landschaftlichen Lagen sind vielfach mit schwierigen Verfügungsstreitigkeiten belastet oder eigentumsrechtlich ungeklärt. Aktuelle Verkehrswertaussagen sind nicht möglich, da die bisherigen Verkäufe und Verpachtungen vielfach ohne das Eingreifen wirksamer Kontrollinstanzen vereinbart wurden.

Während sich die großen Hotels trotz des zu erwartenden erheblichen Modernisierungsaufwandes etc. mittelfristig aus Standort- und Goodwillaspekten behaupten werden, sind bei den kleineren Häusern der Spitzenklasse bereits Kapital- und Managementprobleme sichtbar. Diese werden bei der großen Anzahl geplanter neuer Hotels der Mittel- und Oberklassse und dem daraus resultierenden Wettbewerb trotz des mittelfristig starken Bedarfs zu nachgebenden Wertansätzen führen, da es sich auch um wirtschaftlich schwierige Betriebsgrößen handelt. Kleinere, personell günstigere Familienbetriebe sind dagegen als durchaus stabil anzusehen.

Eine Langzeitentwicklung ist insgesamt nicht absehbar. Es wird aber von einer Angleichung an ähnliche Verhältnisse der alten Länder ausgegangen.

Insgesamt ist die Entwicklung sowohl im Bereich der bestehenden Hotels als auch bei den Ferienobjekten wesentlich von den Vorgaben der Treuhandanstalt abhängig. Nahezu bei allen Ferienobjekten bedürfen die Betriebe[192] zum Verkauf der Zustimmung der Treuhand. Dies trifft auch für die Betriebe und die Betriebsgrundstücke selbst zu.

5.3.2 Gewerbe- und Industrieobjekte

Für den Bereich der Gewerbe- und Industriegrundstücke konnte bisher aufgrund des Angebotsmonopols der Treuhandanstalt nur ein sehr beschränkter Teilmarkt entstehen. Die Wirkung des Rückgabeprinzips[193] wird dabei überlagert von den Prioritäten der Angebotsmonopolistin. Während zunächst die Erzielung hoher Kaufpreise angestrebt wurde, dominieren aufgrund der Wirtschaftsverhältnisse jetzt im Regelfall gesamtwirtschaftliche und politische Ziele wie der Erhalt von Arbeitsplätzen etc.

Im Rahmen der Privatisierung von Betrieben besteht zwar weiterhin das Erfordernis der Grundstücksbewertung, vertragliche Vereinbarungen über Arbeitsplatz-, Investitions- und sonstige Garantien überlagern jedoch die Grundstückswerte.

---

[192] Die Wirtschaftsunternehmen der DDR waren als Volkseigentum in Kombinaten zusammengefaßt. Als Betriebe werden – abweichend von der üblichen Terminologie – die nach der Auflösung der Kombinate 1990 aus diesen in den Rechtsformen Aktiengesellschaft (AG's) und Gesellschaften mit beschränkter Haftung (GmbH's) entstandenen Einzelunternehmen bezeichnet. Nach dem Gesetz zur Privatisierung und Reorganisation des volkseigenen Vermögens (Treuhandgesetz) der DDR, Gesetzblatt Teil I Nr. 33 vom 22.06.1990, wurde die Treuhandanstalt Gesellschafter dieser neuen Betriebe.

[193] Unter Rückgabeprinzip wird der Grundsatz der Rückgabe früher (mit Ausnahme der Jahre 1945-1949) in Volkseigentum überführter Betriebe an die ehemaligen Eigentümer vor einer Entschädigung derselben verstanden. Tatsächlich läßt sich dieser aber, anders als bei Wohngebäuden, nur in wenigen Fällen umsetzen.

Für den Beleihungszweck und bei der Trendprognose ist ihre Ermittlung als Entscheidungsgrundlage aber unverzichtbar.

Für die Einzelprognose ist der Entscheidungswert als Verkehrswert auszudrücken. Hierbei wird das Nutzungspotential von Ertragsüberlegungen[194] auf der Grundlage erzielter bzw. erzielbarer ortsüblicher Mieten oder Pachten unter Ansatz alternativer Nutzungsmöglichkeiten bestimmt. Da bisher nur ein eingeschränkter Mietmarkt festzustellen ist, sind zur Ertragswertermittlung Mieten heranzuziehen, die bei vergleichbaren Objekten in den alten Bundesländern bzw. Westberlin erzielt werden. Dazu sind Anpassungen vorzunehmen, die die Qualität, die Ausstattung, den Zuschnitt sowie die Nutzbarkeit der Gebäude und die infrastrukturelle Anbindung des betreffenden Objektes berücksichtigen.

Bei der bestehenden Substanz handelt es sich meistens um Gebäude älterer Bauart, die in der Regel aufgrund nicht durchgeführter Instandhaltungs- und Modernisierungsmaßnahmen verbraucht sind. Auch bei den neueren Objekten ist ein erhöhter Instandhaltungsbedarf zu verzeichnen, da die verwendeten Baumaterialien und die Ausführung in der Regel den Anforderungen an einen modernen Industrie- oder Gewerbebetrieb nicht standhalten. Der erhebliche Instandhaltungsrückstau ist daher zu berücksichtigen.

Um trotz beachtlicher Schwierigkeiten zu allgemeingültigen Aussagen zu kommen, haben sich für diesen Bereich bei Altbauten Werte von 250,00 DM bis 500,00 DM/m², für moderne und gut nutzbare Objekte 500,00 DM bis 1.000,00 DM/m² Nutzfläche einschließlich Bodenwertanteil als marktgängig ergeben. Diese Werte werden weitgehend auch von den noch bestehenden Problemen einer Neubebauung durch Genehmigungs- und Erschließungsrisiken bestimmt.

Für die Trendprognose ist davon auszugehen, daß sich mit zunehmender Bewältigung dieser Probleme stabile bis sinkende Preise bei bestehenden Objekten einstellen werden. Dies ist auf geänderte Produktionsmethoden zurück-

---

[194] Die für die Eröffnungsbilanz der Betriebe zum 1.07.1990 vorgenommenen Sachwertbewertungen können entsprechend Kapitel 3 keine Berücksichtigung finden.

zuführen, die zunehmend größere Flexibilität und immer geringere wirtschaftliche Nutzungsdauern erfordern.[195]

Vorstehend wurde die Bewertung im Rahmen der Betriebsveräußerung als Ganzes oder bei der Fortführung betrachtet. Eine Besonderheit stellen die sog. „nicht betriebsnotwendigen" Grundstücke dar, die veräußert werden. Das Entscheidungskalkül des Erwerbers legt vorab eine konzeptionell geänderte Nutzung zugrunde. In diesem Bereich werden die im wesentlichen direkt und ohne erhebliche bauliche Maßnahmen alternativ nutzbaren Grundstücke erfaßt sowie jene erhebliche Zahl von Ankäufen, bei denen die geänderte Grundstücksnutzung von vornherein das Kaufmotiv darstellt, formal aber ein Unternehmen übernommen wird.

Grundstücke dieser Art befinden sich vor allem in guten Lagen in Ballungsräumen, die erforderlichen Investitionen sind ebenso absehbar wie die künftigen Erträge. Zur sachgerechten Bewertung sind lediglich die erforderlichen Investitionen vom als Barwert kapitalisierten Ertragswert in Abzug zu bringen, um den Entscheidungswert zu erhalten. Die Auswertung einer Reihe von Veräußerungen zeigen den entscheidungstheoretischen Prozeß mit definiertem Ziel, wobei auf einzelne Wertangaben wegen Inhomogenität der Objekte und vielfacher Sondereinflüsse verzichtet werden muß.

Größere Schwierigkeiten bereiten aufgegebene Industrie- und Gewerbegrundstücke, die als Brachen bezeichnet werden.

Betriebsflächen mit aufgegebener Nutzung stellen wegen der meist einfacheren Lage, der Größen und des daraus resultierenden Gesamtaufwandes sowie der Schwierigkeit, ein geeignetes Nutzungskonzept zu ermitteln, mit die größten Probleme dar. Motive von Entscheidungsträgern lassen sich in folgende Hauptgruppen unterteilen:

– Konzeptionelle Teilverwendung als Vermietungsmodell und

– Eigenunternehmerische Nutzungskonzeption.

---

[195] Dann können auch Sachwertvertreter für eine kurze Zeit richtige Ergebnisse ermitteln. Bei der Entscheidung für einen Neubau ist zum Investitionszeitpunkt der Sachwert Element des Entscheidungswertes.

Der erste Fall stellt die Übertragung der Problematik des vorhergehenden Punktes auf größere Einheiten dar und ist mit wesentlichen Nutzungsänderungen verbunden. Beispiele sind die Umnutzung von Kasernen zu Kombinationen von Fernfahrerhotels, Speditionslagern, LKW-Waschanlagen usw. oder die Einrichtung von Supermärkten, Kleingewerbebetrieben etc. in Teilnutzung. Der Entscheidungswert wird ausschließlich aus Ertragsgesichtspunkten abgeleitet mit normalen Verkaufsoptionen und einem Verkehrswertansatz in Höhe des 12,5-fachen Jahresnettomietertrages.

Dem zweiten Bereich sind Fälle zuzuordnen wie die Umwandlung eines Betonfertigteilwerkes in eine Großdruckerei oder einer Molkerei in eine Kindernahrungsfabrik. Dem Entscheidungswert liegen vorrangig unternehmerische/betriebliche Ziele zugrunde, der Höhe nach wird er begrenzt durch die Kosten alternativer Standorte.

Wegen der Vollständigkeit und der Vielzahl sowie der hier bestehenden Investitionsrisiken ist abschließend kurz auf den Bereich der mit umweltschädigenden Stoffen belasteten Grundstücke einzugehen. Für die Einzel- und die Trendprognose sind mit Kontaminationen behaftete Grundstücke unbedeutend. Sofern nicht gesicherte Angaben über die Höhe von Sanierungskosten vorliegen und diese sich in einem durch Erträge zu kompensierenden Rahmen bewegen, sind Verkäufe nur möglich mit entsprechender Kostenübernahmegarantie des Verkäufers. Wegen der Vielzahl der in den neuen Ländern vorliegenden Kontaminationsflächen sind im Gewerbe- und Industriebereich Vorabuntersuchungen unabdingbar.

Da die Freiheit von Belastungsstoffen nicht immer durch Analysen absolut sichergestellt werden kann, wird vielfach ein merkantiler Minderwert[196] angesetzt. Einflüsse hieraus sind eher psychologischer Art und kaum bestimmbar.

5.3.3 Wohnbebauung

Die Versorgung der Bevölkerung mit Wohnraum war Aufgabe der bei den Kommunen angesiedelten Kommunalen Woh-

---

[196] Dies bedeutet einen Ausgleich für den Verdacht verborgen gebliebener Mängel.

nungsverwaltungen (KWV). Das Volkseigentum am Wohnungsbestand setzte sich zusammen aus den Neubauten[197], den in den Jahren 1945–1949 enteigneten vorwiegenden Altbauwohnungen sowie den seither übernommenen Geschoßwohnungen und Ein-/Zweifamilienhäusern. Auch nahezu der gesamte Bestand nicht in Volkseigentum überführter Altbauten wurde von den KWV verwaltet und praktisch wie Volkseigentum behandelt.

Die KWV wurden 1990 in private Gesellschaften mit den Kommunen als Gesellschaftern überführt, bei den unter staatlicher Verwaltung stehenden Wohnhäusern privater Eigentümer wurde auf Antrag mit der Rückgabe an diese Rechtssphäre begonnen.

Die Verhältnisse sollen hier – unterschieden nach Alt-, Neu- und Ein-/Zweifamilienhausbebauung – hinsichtlich der zu erwartenden Entwicklung und der wesentlichen Einflußfaktoren sowie bezüglich der Wertverhältnisse kurz aufgezeigt werden.

Neubauten wurden vor allem in Großsiedlungs- und Plattenbauweise errichtet, Einfamilienhäuser in geringer Stückzahl in Eigenregie der privaten Bauherren. Für die vermieteten oder mit Nutzungsrechten Dritter belasteten, meist älteren Ein-/Zweifamilienhäuser, die in Volkseigentum und/oder unter staatliche Verwaltung gelangten, werden überwiegend Rückgabeansprüche geltend gemacht.

In diesem Bereich sind die heftigsten persönlichen Auseinandersetzungen zwischen Bewohnern und Alteigentümern zu verzeichnen, trotz oder wegen des Eigenbedarfskündigungsschutzes, bisher nicht gestiegener Mieten und sonstiger Schutzrechte usw.[198], vor allem aufgrund der Identifikation beider Parteien mit dem Objekt.

Außer den persönlichen und durch die Rechtsverhältnisse begründeten Motiven wirken sich auch die den heutigen An-

---

[197] Nach dem Krieg errichtete Geschoßwohnungsbauten werden als Neubauten bezeichnet.

[198] An dieser Stelle ist auf das Gesetz zur Regelung offener Vermögensfragen vom 31.10.1990 als Bestandteil des Einigungsvertrages vom 23.09.1990 (BGBL. II Nr. 35 S.885) hinzuweisen, wo nach § 20 der Nutzer oder Mieter bei Ein- und Zweifamilienhäusern ein dingliches Vorkaufsrecht eintragen lassen kann, wenn staatliche Verwaltung vorlag.

sprüchen nicht genügenden technischen Verhältnisse, wie fehlende Badeinbauten, Kohleheizungen, schlechter Unterhaltungszustand etc., aus. Weiter wird das Bild durch die vielfach noch teilbaren Grundstücksflächen oder weitere Bebauungsmöglichkeiten geprägt.

Insgesamt lassen sich für die Einzelprognose zwar auf Vergleichsbasis brauchbare Einschätzungen erarbeiten – die Ergebnisse weisen im Mittel 60 %-ige Wertverhältnisse der alten Länder aus –, für die Trendprognose sind aber lediglich noch lageabhängige Bodenwerte ohne Bebauungsansatz auszuweisen. Auf Vergleichswerten beruhen im wesentlichen auch die Werte im Mehrfamilienhausbereich der Vorkriegsbebauungen, dem sogenannten Altbaubestand mit Baujahren vor dem 1. und 2. Weltkrieg.

Das typische Gebäude weist in der Regel 10–40 Mietparteien auf. Der technische Zustand ist regelmäßig schlecht, Modernisierungen und Instandsetzungen sind in größerer Zahl vorwiegend in Ostberlin erfolgt. Überwiegend wird auch hier die Rückgabe an die früheren Eigentümer betrieben.

Die Mieten dieser meist um die Jahrhundertwende errichteten Gebäude schwanken nach eigenen Auswertungen zwischen 0,60 DM/m^2 und 0,90 DM/m^2 Wohnfläche. Sind Läden im Erdgeschoß vorhanden, sind die Mieten geringfügig höher.

Die Mieten liegen per April 1991 weit unterhalb der Betriebskosten, allein zur Kostendeckung ist nach nicht veröffentlichten Berechnungen des Bundesbauministeriums mit einem jährlichen Zuschußbedarf von 30–40 Milliarden DM für den gesamten Mietwohnungsbestand, also einschließlich Nachkriegsbauten, zu rechnen. Dabei sind die Betriebskosten (vor allem Straßenreinigung, Strom, Müllabfuhr, Versicherung) trotz stufenweiser Anpassung an die Verhältnisse der alten Länder stark gestiegen. Es liegen also stark defizitäre Verhältnisse vor[199], denen die tatsächlichen Markt-

• Große, teilbare Grundstücke prägen das Bild

• Die Mieten sind immer noch nicht kostendeckend

---

[199] Für alle Mietwohnungsbauten ist für Oktober 1991 auf gesetzlicher Grundlage mit einer Erhöhung der Grundmieten um 1,00 DM/m^2 sowie einer weitgehenden Umlage der Betriebskosten zu rechnen. Alle Heizungs- und Warmwasserkosten sind hierin noch nicht erfaßt. Bei nichtmodernisierten Gebäuden (70,0 % der Wohnungen stammen aus der Zeit vor 1948) erreicht man dann Mieten von bis zu 3,00 DM/m^2 monatlich.

preise nicht entsprechen und die insbesondere in Ballungsräumen nicht nachvollziehbar sind.

In mittleren und einfachen Lagen außerhalb von Ballungsräumen ist weder mittel- noch langfristig mit Erträgen zu
rechnen, die die Instandhaltungs- und Modernisierungskosten decken, so daß individuelle, z. B. steuerliche Aspekte,
dominieren.

Gegenwärtig bei öffentlichen Versteigerungen durchschnittlich erzielte Kaufpreise vom 75-fachen der jetzigen
Jahresmieten bei guten Lagen schließen Ertragswertüberle-
gungen als bestimmendes Element des Entscheidungswertes aus. Somit kommen nur Vergleichswerte zum Ansatz.
Eine ausreichende Anzahl an Vergleichsobjekten aus
getätigten Verkäufen liegt bisher kaum vor, und mangels bestehender Gutachterausschüsse ist selbst die geringe Anzahl kaum auswertbar. So ist auch hier auf Hilfsverfahren
zurückzugreifen, wobei errechnete Mittelwerte unter
Berücksichtigung nachfolgend aufgelisteter Kriterien ob-
jektbezogen anzupassen sind.

Wertbeeinflussend sind:
- die örtliche Lage innerhalb der Stadt (Geschäftslage, bevorzugte Wohnlage);
- der Anteil an Gewerbeflächen;
- der Grundstückszuschnitt (Ecklage, Grundstückstiefe);
- die Grundstücksausnutzung (GFZ) und die Anordnung
  der Gebäude auf dem Grundstück;
- Dachgeschoßausbaumöglichkeiten;
- Gebäudeausstattung;
- baulicher Unterhaltungszustand;
- vielfach Denkmalschutzbelange in Innenstädten.

Für Ostberlin zeichnet sich eine schnelle Anpassung an
das Westberliner Preisniveau ab. Insgesamt ist aber für die
Grobschätzung von ertragsorientierten Preisüberlegungen
auszugehen. Als Anhaltspunkt sind nach Auswertung bisher
getätigter Verkäufe Preise für Altbauten zwischen 400,00
DM/m^2 und 800,00 DM/m^2 zu nennen. Als Besonderheit dominieren bei leerstehenden Objekten und Baulücken bereits
jetzt eindeutige Ertragsgesichtspunkte.

Beim Neubaubestand sind andere Feststellungen zu machen. Neubauwohnungen sind überwiegend in Siedlungs-

form und in Plattenbauweise als Volkseigentum errichtet worden und unter Verwaltung der KWV stehend jetzt den Kommunen übereignet. Die Mieten entsprechen den Altbaumieten mit Ausnahmen von bis zu 1,80 DM/m². Die schadensträchtige Plattenbauweise, die erheblichen Abweichungen in der Ausführung zu den DIN-Normen und die Mängel im Wohnumfeldbereich lassen hier weder für Beleihungszwecke ausreichende Lebenserwartungen noch eine mittelfristige Rentabilität erwarten.

Die Kommunen werden angesichts der Bestandsgrößen, des technischen Zustandes und der Bewirtschaftungsprobleme, insbesondere aufgrund der künftigen Defizite, sozialverträgliche Bestandsabgaben vornehmen. Hierzu sind als Modell bisher lediglich Umwandlungen in Wohnungseigentum und der Verkauf der Wohnungen entwickelt worden.[200] Entscheidungstheoretisch sind hier mittelfristig, d.h. nach Auslaufen von Bundes- und Landeszuschüssen, marktwirtschaftliche Lösungen gefragt, um die Bestandssicherung und Erhaltung zu erreichen. Für die Bewertung läuft dies, wie Beispiele der Veräußerung von Wohnsiedlungsobjekten (z. B. Neue Heimat) gezeigt haben, auf durch Unternehmerrisiko geminderte Ertragswerte hinaus.

5.4. Zusammenfassung

Die Preise für Objekte der verschiedensten Art wie auch für Grundstücke sind derzeit noch sehr uneinheitlich. Schlechte Bausubstanz, mangelnde Flexibiliät und Unkenntnis vieler Behörden sowie erhebliche Probleme bei der Erschließung prägen das Bild. Unsicherheiten hinsichtlich der Eigentumsverhältnisse, der Flurstückslagen, Kontaminationen und fehlender Eintragungen in Abteilung II der Grundbücher tragen nicht zur Erleichterung bei. Ausgeprägtes Gewinnstreben vieler örtlicher Beteiligter, aber auch vieler Nachfrager und völlig überzogene Preisvorstel-

---

[200] So hat die Stadt Potsdam z. B. in Drewitz Wohnungen zu Preisen von 1.500,00 DM/m²-Wohnfläche an künftige Bewohner verkauft und angesichts der baulichen Qualitäten Zukunftsprobleme lediglich auf neue Eigentümer übertragen.

lungen schränken das Engagement vieler Interessierter ein.

Die zögerliche Rückgabe vieler Objekte an frühere Eigentümer hält das Angebot in vielen Marktsegmenten noch gering. Es ist aber damit zu rechnen, daß dieses künftig erheblich steigen wird, wenn sich Erkenntnisse über die realen Ertragsverhältnisse durchsetzen.

Zur Gewerbeansiedlung sind die Gemeinden mit erheblichen Flächenausweisungen befaßt, die Umnutzung vieler Betriebsstätten aufgelöster Unternehmen läßt das Angebot weiter wachsen. Vor allem in den nördlichen Bereichen der neuen Länder ist auch mit erheblichen Strukturproblemen zu rechnen. In einzelnen Orten ist die Liquidation sämtlicher bisher existenter Betriebe zu verzeichnen. Die Vorstellungen über die Verkehrswerte vieler Objekte werden sich als korrekturbedürftig erweisen. Aufgrund der schnellen und inhomogenen Entwicklung sowie der unmittelbaren Wirkung staatlicher oder staatlich kontrollierter Entscheidungen ändern sich die Perspektiven, trotz der erkennbaren Bemühungen der öffentlichen Hand um Kontinuität, so daß die Stichtagsbezogenheit zunehmende Bedeutung erlangt.

Bei den gegenwärtig erreichten Werten handelt es sich nur teilweise um auf rationaler Grundlage ermittelte Werte, im wesentlichen liegen Hoffnungswerte mit spekulativem Hintergrund von Nachfragern in einer Entscheidungssituation vor, die zwischen Risiko- und Unsicherheitssituationen einzuordnen sind.

 6   Entscheidungsorientierte Ansätze in der Bewertungspraxis

Die praktische Anwendung einiger der erarbeiteten entscheidungstheoretischen Grundsätze ist Gegenstand dieses die ganze Thematik zusammenführenden Kapitels. Anhand realer Fragestellungen in der Grundstücks- und Gebäudebewertung der neuen Länder werden bei zwei Beispielen Wertermittlungen für alternative Nutzungen unter bestimmten Annahmen (Umweltzuständen) vorgenommen.

Da es sich um einen praktischen Ansatz handelt, kann es nicht um eine mathematische Lösung wohlstrukturierter Probleme gehen. Es wird kurz auf die Entscheidungsträger und die Ziele eingegangen, die Handlungsmöglichkeiten und die Umweltsituation werden im Beispiel beschrieben. Abschließend werden die sich ergebenden alternativen Ertragswerte einander in einer Zusammenstellung gegenübergestellt und die Ergebnisse erläutert.

Wie unter Pkt. 3.4.2 ausgeführt, unterscheidet die Grundstücksbewertung grundsätzlich zwischen zwei Entscheidungsträgern. Zum einen gibt es den Verfügungsberechtigten über das Objekt, hier der Verkäufer und somit zur Desinvestition bereit, zum andern tritt der Nachfrager als Investor bzw. Käufer auf, der für bestimmte Zwecke ein geeignetes Objekt sucht. Abbildung 7 zeigt den Bereich, in dem ein Markt existiert.[201]

Im Bereich, in dem ein Markt existiert, kommt es zu Abschlüssen. Diese stellen das Ergebnis des Einigungsvorganges dar und drücken sich über ihr geldliches Äquivalent, den Kaufpreis, aus. In der gesetzlichen Bestimmung des § 194 BauGB ist der Preis bei normalen Einigungsverhältnissen ohne besondere oder ungewöhnliche Umstände bei ei-

---

[201] Die Bewertung von Liegenschaften, a. a. O., S. 31

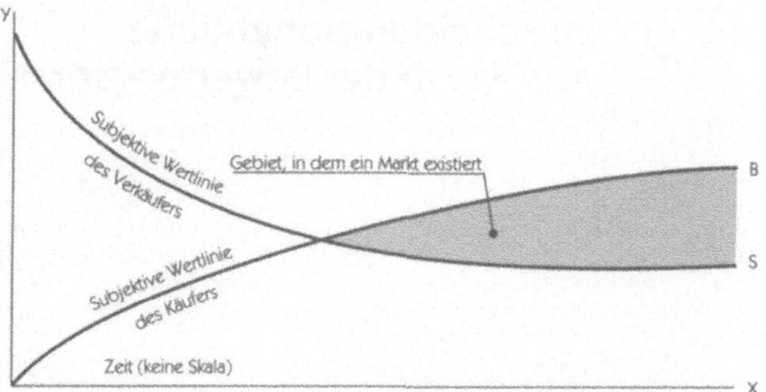

Abbildung 7. Subjektive Wertbegriffe beim Käufer un Verkäufer

ner Mehrzahl von Abschlüssen als der Verkehrswert bezeichnet.

Ziel von Bewertungsvorgängen ist die Ermittlung des Verkehrswertes. Da dieser die Einigungsgröße darstellt, ist er für die Grundstücksbewertung vereinfachend als gemeinsame Zielgröße der Entscheidungsträger definiert. So braucht bei den folgenden Beispielen nicht zwischen Anbietern und Nachfragern unterschieden zu werden. Als vereinbart muß aber gelten, daß die Bewertung zum Zwecke der Feststellung des Verkehrswertes vorgenommen wird, da dieser als Ergebnis der Entscheidungsmatrix gesucht wird. Für andere Ziele wären andere Handlungsmöglichkeiten auszuschöpfen und abweichende Umweltbedingungen zu berücksichtigen.

6.1 Beispiel Wohnobjekt

Lage: Erich-Weinert-Straße in Berlin-Prenzlauer Berg

Grundstücksbeschreibung: Größe: 483,00 m^2
Art und Maß der Nutzung: vergleichbar mit „Allgemeinem Wohngebiet" und „Gemischtem Gebiet" der Baustufe V/3.

Objektbeschreibung:
Fünfgeschossiges Mietswohnhaus mit Vorderhaus, linkem Seitenflügel und Quergebäude. Vorderhaus und Seitenflügel sind unterkellert, das Dachgeschoß ist nicht ausgebaut, aber zum Ausbau geeignet.

Das Gebäude besteht aus 21 Wohnungen (12 im Vorderhaus, 5 im Seitenflügel, 4 im Quergebäude). Im Erdgeschoß des Vorderhauses sind ein Gemüseladen und eine Zahnarztpraxis vorhanden.

Wohn-/Nutzfläche:

Gemüseladen:	$64{,}77 \ m^2$
Zahnarztpraxis:	$91{,}25 \ m^2$
21 Wohnungen:	$1.122{,}76 \ m^2$
	$1.278{,}78 \ m^2$

Ausstattung:

Vorderhauswohnungen mit Bädern, ansonsten Innentoiletten. Alle Wohnungen sind ofenbeheizt, in den Küchen sind teilweise Gasöfen installiert. Die Gewerbeeinheiten verfügen über Gasaußenwandöfen.

Derzeitiger Zustand:

Solide Bausubstanz in durchschnittlichem Zustand. Starke Mängel an den Hoffassaden, Straßenfassade wurde restauriert. Starke Mängel an den größtenteils noch alten Holzfenstern hofseitig. Holzbockbefall im Dachstuhl, Dacheindeckung ansonsten gut. Neue Schornsteinköpfe, neue Installationen in den Hauptsträngen.

Mögliche Alternativen (a):
Für den Entscheidenden sind folgende Entscheidungsalternativen denkbar:

a_1: Das Gebäude wird genutzt wie bisher. Veränderungen werden nicht durchgeführt, Instandhal tungen nur im erforderlichen Rahmen (z. B. bei Aufforderung durch die Bauaufsicht, Beschwerden von Mietern etc.).

a_2: Das Gebäude wird umfassend instandgesetzt und moderni siert, hierbei wird auch das Dachgeschoß im Vorderhaus ausgebaut (rd. $180{,}00 \ m^2$ sind ausbaubar).

Die wesentlichen Instandsetzungsmaßnahmen sind: Neuputz der Hoffassade, Holzbocksanierung im Dachstuhl, Instandsetzung der Kastendoppelfenster, Malerarbeiten in den Treppenaufgängen, Herrichtung des Kellers.

Die wesentlichen Modernisierungsmaßnahmen sind: Einbau einer zentralen Heizungsanlage, Einbau von Bädern im Seitenflügel und Quergebäude, Austausch der Einfach fenster durch isolierverglaste Fenster, Einbau einer Klingelanlage und eines Leerrohrnetzes.

a_3: Das Gebäude wird in Wohnungs- und Teileigentum auf geteilt, die Einheiten werden einzeln verkauft.

Für diese Alternative ist der Verkauf im derzeitigen Zustand und der Verkauf nach Instandsetzung/Modernisie rung denkbar. Weiterhin ist der Verkauf des Dachbodens als nicht ausgebauter Bodenraum oder als neu ausgebaute Wohnungen möglich.

Zur Darstellung wird die Alternative im derzeitigen Zustand ohne Dachgeschoßausbau gewählt.

a_4: Das Gebäude wird im Vorderhaus in voll gewerblich nutzbare Einheiten umgewandelt und insgesamt instandgesetzt und modernisiert. Der Dachgeschoßausbau erfolgt zu Wohnzwecken.

Umweltzustände (Z): Vom Entscheidenden sind folgende Umweltfaktoren nicht zu bestimmen, sondern vorgegeben:

Z_1: Mietentwicklung im Altbaubereich:

Die derzeitige Miete beträgt für die Wohnungen ca. 0,80 DM/m^2 monatlich und für die Gewerbeeinheiten 11,45 DM/m^2 bzw. 17,00 DM/m^2. Die derzeitigen Wohnungsmieten liegen unterhalb der zu erwartenden Bewirtschaftungskosten. Ab Oktober 1991 ist eine Mieterhöhung gesetzlich zulässig, danach kann die Miete um 1,00 DM/m^2 steigen, zusätzlich dürfen die Betriebskosten (ohne Instandhaltung) umgelegt werden. Die Miete würde sich bei der ersten Erhöhung auf ca. 3,30 DM/m^2 steigern lassen.

Eine darüber hinausgehende rechtlich zulässige Steige rung wurde bisher nicht diskutiert. Mit weiteren zulässigen Mietsteigerungen kann jedoch gerechnet werden.

Z_2: Verkehrswertentwicklung:

Die Entwicklung des Verkehrswertes für Altbauten dieser Art ist nicht vorherbestimmbar. Derzeit ist eine starke Nachfrage, jedoch ein relativ geringes Angebot an vergleichbaren Objekten vorhanden, was zu einem starken Preisanstieg führte. Bei zunehmender Reprivatisierung kann zukünftig mit einer Entspannung des Marktes gerechnet werden. Dagegen steht die „Hauptstadtentscheidung", die die Zahl der Kaufinteressenten erhöht und zu Preissteigerung führen könnte.

Z_3: Umlagefähigkeit der Modernisierungskosten:
Die Durchführung von Modernisierungsmaßnahmen und deren Umlagefähigkeit sind abhängig von der Mieterzustimmung zur Modernisierung. Rechtlich können Modernisierungsaufwendungen mit 11,0 % auf die Jahresmiete umgelegt werden. Aufgrund des geringeren Lohnniveaus ist diese Mehrbelastung der Mieter nicht in jedem Fall rechtlich durchsetzbar.

Z_4: Steuerliche Aspekte:
Der steuerliche Aspekt ist ein sehr persönliches Entscheidungskriterium, er bleibt bei der üblichen Verkehrswertermittlung zunächst außer Betracht. Bei einem derzeit hohen Zinssatz für Hypotheken und niedrigen Mieten ergibt sich eine hohe Unterdeckung bei diesen Ost-Immobilien, die sich im Einzelfall steuerlich positiv auswirken kann.

Z_5: Zweckentfremdung:
Zur Umnutzung von Wohnungen in gewerblich nutzbare Einheiten ist eine Zweckentfremdungsgenehmigung erforderlich. Diese wird von den Wohnungsaufsichtsämtern erteilt.
In Berlin-West ist bei Umnutzung überlicherweise Ersatzwohnraum zu schaffen, um eine Zweckentfremdungsgenehmigung zu erhalten. Im Ostteil der Stadt werden auch Zweckentfremdungsgenehmigungen ohne den Nachweis von Ersatzwohnraum erteilt, da ein hoher Bedarf an Gewerberäumen besteht. In der ehem. DDR wurden viele Geschäftsräume zu Wohnräumen zurückgewandelt, wodurch der Anteil an Gewerberäumen erheblich verringert wurde. Der Aufwand zur Umnutzung ist im wesentlichen abhängig von der Fähigkeit des „Entscheiders" (z. B. Verhandlungsgeschick), jedoch auch von der Möglichkeit, im betreffenden Objekt Ersatzwohnraum zu schaffen (z. B. durch Dachgeschoßausbau).

Z_6: Öffentliche Förderung:
Die Möglichkeit einer öffentlichen Förderung, wie sie zum Beispiel in Berlin-West durch das LaMod- und Mod/Inst-Programm bestand, ist in starkem Maße wertentscheidend.

Öffentliche Förderungsprogramme wurden bisher für den Osten angedacht, sind aber nicht verabschiedet.

Kombination von Entscheidungen (a = Aktionen) und Zuständen (Z):

Die Kombination von Entscheidungen (a) und Zuständen (Z) führt zu folgenden Ergebnissen:

a_1/Z_1:

Bei unveränderter Nutzung und Zustand des Gebäudes ist die Mietentwicklung in hohem Maße wertbeeinflussend.

Ausgehend von einer ab Oktober zulässigen Miete von rd. 3,30 DM/m^2 und weiteren Erhöhungsmöglichkeiten in den nächsten 3 Jahren wird eine nachhaltige Miete von 5,00 DM/m2 monatlich für die Wohnungen (Durchschnittsmiete der rechn. Restlebensdauer) angesetzt. Für die Gewerbeeinheiten werden die derzeitigen Mieten angesetzt, die neu vereinbart wurden.

Der Ertragswert beträgt somit:

Monatsmiete:

Wohnungen:	1.122,76 m^2 × 5,00 DM =	5.613,80 DM
Gewerbe:	Gemüseladen:	741,34 DM
	Zahnarztpraxis:	1.550,00 DM
		7.905,14 DM

Jahresrohmiete:

7.905,14 DM × 12 Monate	=	94.861,68 DM
	rd.	**94.862,00 DM**

Nettoertrag:

Jahresrohmiete:	94.862,00 DM
./. Betriebs- und Bewirtschaftungskosten:	
94.862,00 DM × 0,35 = rd .	–33.202,00 DM
Nettoertrag:	61.660,00 DM

Vom Nettoertrag ist die Verzinsung desGrund und Bodens mit 5,0 % des Bodenwertes in Abzug zu bringen:

202.900,00 DM × 5,0 % =	–10.145,00 DM
Reinertrag:	51.515,00 DM

Dieser Ertrag ist für die Zeit der Restnutzungsdauer zu kapitalisieren. Unter Annahme einer Restnutzungsdauer von 40 Jahren beträgt der Kapitalisator bei gleicher Höhe der Soll- und Abschreibungszinsen von 5,5 % nach den WertR 76: 16,05.

Aufgrund einiger Schäden und Mängel, vor allem an den Hoffassaden und den Fensteraußenanstrichen, wird ein Instandhaltungsrückstau von zusätzlich rd. 90.000,00 DM angesetzt. Dieser Betrag ist zur vollständigen Instandsetzung des Gebäudes nicht ausreichend, der allgemeine bauliche Zustand ist jedoch schon in der angesetzten Restnutzungsdauer berücksichtigt.

Der Ertragswert beträgt somit:

51.515,00 DM × 16,05	= 826.815,75	DM
	rd. 826.800,00	DM
./. Instandhaltungsrückstau:	−90.000,00	DM
+ Bodenwert:	202.900,00	DM
	939.700,00	DM
Ertragswert des Grundstückes:	**940.000,00**	**DM**

Der Ertragswert ist in diesem Fall als Ausgangswert der Alternativen anzusehen, der nach dem den Wertermittlungsrichtlinien entsprechenden Verfahren ermittelt wurde. Er ist als Barwert des künftig erwarteten Nutzens aus Erträgen Grundlage der in der Ergebnismatrix enthaltenen Alternativen, deren Abweichungen voneinander im Ergebnis auf weiteren Einflüssen der entsprechenden Teilmärkte beruhen.

a_1/Z_2:
Die Verkehrswertentwicklung ist für die nächsten 2 Jahre positiv zu beurteilen, d. h. es werden Wertsteigerungen über die normale Preissteigerung hinaus stattfinden. Ein Erwerber/Verkäufer wird deshalb einen höheren Preis als den ermittelten Ertragswert bezahlen bzw. verlangen, was sich auch in Marktbeobachtungen niederschlägt.

Der Wert der Alternative ergibt sich aus den spezifischen Bedingungen des Teilmarktes. Die Berechnung hierzu können wegen des Umfanges nicht wiedergegeben werden, so daß hier, wie auch in den folgenden Beispielen bzw. Alternativen, lediglich der teilmarktspezifische Zuschlagsfaktor ausgewiesen wird.

Bei der derzeit positiven Entwicklung beträgt dieser rd. 20,0 % des Ertragswertes. Der Wert der Alternative beträgt somit rd.:

$$1.128.000,00 \text{ DM}$$

a_1/Z_3:

Modernisierungskosten fallen bei dieser Alternative nicht an.

a_1/Z_4:

Wie oben schon erwähnt, ist der steuerliche Aspekt rein subjektbezogen. Der steuerlich absetzfähige Verlust aus Vermietung ist jedoch vergleichsweise hoch. Die Mehrzahl von Erwerbern wird deshalb einen höheren Preis als den Ertragswert bezahlen. Der Verkäufer wird wegen möglicher Steuerersparnis einen höheren Preis verlangen.

Den guten Abschreibungsmöglichkeiten entsprechend ist der Ertragswert um rd. 30,0 % zu steigern. Der Wert der Alternative beträgt somit rd.:

$$1.222.000,00 \text{ DM}$$

a_1/Z_5:

Eine Zweckentfremdung ist bei dieser Alternative nicht vorgesehen.

a_1/Z_6:

Eine öffentliche Förderung ist bei dieser Alternative nicht sinnvoll, da keine wesentlichen Modernisierungen/Instandsetzungen vorgenommen werden.

a_2/Z_1:

Die gesetzlich zulässige Mietentwicklung im Altbaubereich ist bei einer umfassenden Mod/Inst-Maßnahme von untergeordneter Bedeutung. Die Mietsteigerung resultiert aus der Umlagefähigkeit der Modernisierungskosten (vgl. a_2/Z_3).

a_2/Z_2:

Wie bei der Kombination a_1/Z_2 ist auch hier die Verkehrswertentwicklung von modernisierungsfähigen Objekten für die nächsten 2 Jahre positiv zu beurteilen. Ein Erwerber/Verkäufer wird deshalb einen höheren Preis als den ermittelten Ertragswert bezahlen bzw. verlangen. Da der derzeitige Ertragswert im Vergleich zu den Mod-/Inst-Kosten relativ gering ist, wird der Ertragswert um rd. 50,0 % gesteigert. Der Wert der Alternative beträgt somit rd.:

$$1.410.000,00 \text{ DM}$$

a_2/Z_3:

Die Umlagefähigkeit von Modernisierungskosten ist unbestimmt. Wegen des höheren Wohnwertes nach Modernisierung werden jedoch einige Mieter bereit sein, höhere Mieten als die gesetzlich zulässigen zu zahlen. Aufgrund der Unsicherheiten in der gesetzlich zulässigen oder akzeptierten Umlage ergibt sich nur ein geringer Zuschlag von rd. 20,0 % zum Ertragswert. Der Wert der Alternative beträgt bei dieser Kombination rd.:

$$1.128.000,00 \text{ DM}$$

a_2/Z_4:

Bei dieser Alternative sind vor allem die steuerlichen Abschreibungen des Dachgeschoßausbaues zu beachten. Auch die Mod/Inst-Maßnahmen können steuerlich abgesetzt werden. Insbesondere Fondsbetreiber zahlen erheblich über dem Ertragswert liegende Preise. Der Ertragswert wird bei dieser Alternative um rd. 75,0 % erhöht. Der Wert der Alternative beträgt rd.:

$$1.645.000,00 \text{ DM}$$

a_2/Z_5:

Eine Zweckentfremdung ist bei dieser Alternative nicht vorgesehen.

a_2/Z_6:

Eine mögliche öffentliche Förderung ist bei dieser Alternative in hohem Maße wertentscheidend. Eine Wertsteigerung hieraus kann derzeit aber nur spekulativ abgeleitet werden. Da Aussichten auf eine öffentliche Förderung bestehen, ist der Ertragswert zur Ausweisung des Wertes der Alternative um 50,0 % zu erhöhen, er beträgt somit rd.:

$$1.410.000,00 \text{ DM}$$

a_3/Z_1:

Die Mietentwicklung ist bei dieser Alternative uninteressant, vorwiegend werden Eigentumswohnungen nach Vergleichspreisen je m²-Wohnfläche gehandelt. Ein Zuschlag zum Ertragswert wird nicht vorgenommen. Der Wert der Alternative beträgt somit rd.:

940.000,00 DM

a_3/Z_2:

Auch für Wohnungs- und Teileigentum ist die Verkehrswertentwicklung für die nächsten 2 Jahre positiv zu beurteilen, d. h. es finden Wertsteigerungen über die normale Preissteigerung hinaus statt. Die Preissteigerung ist ähnlich wie bei der Entscheidung 1 mit 20,0 % anzusetzen. Der Wert der Alternative beträgt somit rd.:

1.128.000,00 DM

a_3/Z_3:

Modernisierungskosten fallen bei dieser Alternative nicht an.

a_3/Z_4:

Bei einem Verkauf an eine Vielzahl von Personen ist der steuerliche Aspekt nur für die Käufer nach Umwandlung wertentscheidend. Dieses schlägt sich jedoch auch auf die Vertriebspreise nieder. Wie bei der Kombination a1/Z4 wird der Ertragswert um rd. 30,0 % gesteigert. Der Wert der Alternative beträgt somit rd.:

1.222.000,00 DM

a_3/Z_5:

Eine Zweckentfremdung ist bei dieser Alternative nicht vorgesehen.

a_3/Z_6:

Eine öffentliche Förderung ist bei dieser Alternative gleichfalls nicht vorgesehen. Sie kann jedoch einen geringen Einfluß auf den Weiterverkaufspreis haben.

a_4/Z_1:

Die gesetzlich zulässige Mietentwicklung im Altbaubereich ist bei Umnutzung zu Gewerbeeinheiten bzw. einer umfassenden Mod/Inst-Maßnahme von untergeordneter Bedeutung.

a_4/Z_2:
Wie bei den Kombinationen a_1/Z_2 und a_2/Z_2 ist auch hier die Verkehrswertentwicklung von modernisierungsfähigen Objekten für die nächsten 2 Jahre positiv zu beurteilen. Da der derzeitige Ertragswert im Vergleich zu den Mod/Inst-Kosten relativ gering ist, wird der Ertragswert um rd. 50,0 % gesteigert. Der Wert der Alternative beträgt somit rd.:

1.410.000,00 DM

a_4/Z_3:
Die Umlagefähigkeit von Modernisierungskosten ist für die bei dieser Alternative zu schaffenden Gewerbeeinheiten nicht von Bedeutung. Für die verbleibenden Wohnungen im Seitenflügel/Quergebäude ist sie unbestimmt. Ohnehin wird es sich bei dieser Alternative vorwiegend um neu vermietbaren Wohnraum handeln. Der Wert der Alternative wird hier in Höhe des derzeitigen Ertragswertes angesetzt mit rd.:

940.000,00 DM

a_4/Z_4:
Ähnlich wie bei der Kombination a_3/Z_4 sind hier die steuerlichen Abschreibungen des Dachgeschoßausbaues und der Mod/Inst-Maßnahmen entscheidend. Die Alternative a_4 ist für Fondsbetreiber besonders geeignet, da sie hohe Steuervorteile für ihre Anleger benötigen. Der Ertragswert wird bei dieser Alternative gleichfalls um rd. 75,0 % erhöht. Der Wert der Alternative beträgt rd.:

1.645.000,00 DM

a_4/Z_5:
Die Möglichkeit, eine Zweckentfremdung für die Vorderhauswohnungen im Obergeschoß zu erhalten, ist für den Ostteil Berlins relativ positiv zu beurteilen. Die Umnutzung in Gewerberäume im Vorderhaus erbringt eine erheblich höhere Mieteinnahme. Somit kann der Ertragswert hier um rd. 50,0 % erhöht werden. Der Verkehrswert beträgt somit rd.:

1.410.000,00 DM

a_4/Z_6:

Bei einer zu ca. 50,0%igen Umnutzung der Wohnungen in Gewerbeeinheiten ist die Möglichkeit der öffentlichen Förderung nicht von Bedeutung.

Tabelle 9. Zusammenstellung der alternativen Ertragswerte:[202]

	a_1	a_2	a_3	a_4
Z_1	940	–	940	–
Z_2	1.128	1.410	1.128	1.410
Z_3	–	1.128	–	940
Z_4	1.222	1.645	1.222	1.645
Z_5	–	–	–	1.410
Z_6	–	1.410	–	–

Das höchste Wertniveau wird hier bei den Alternativen a_2/Z_4 und a_4/Z_4 erreicht, das niedrigste Niveau bei den Alternativen a_1/Z_1, a_3/Z_1 und a_4/Z_3. Tatsächlich liegt der Einigungsbereich hier unterhalb des oberen Nivaus, das sich üblicherweise in marktwirtschaftlichen Systemen durchsetzt. Wegen der hier aus der planwirtschaftlichen Vergangenheit noch bestehenden Restriktionen sind diese Teilmärkte bisher nicht ausreichend besetzt. Das häufigste Nachfrageniveau geht von den Alternativen a_2/Z_2, a_2/Z_6, a_4/Z_2 und a_4/Z_4 aus, so daß das Objekt in einer öffentlichen Versteigerung einen Preis in der Größenordnung erzielte. Der Zuschlagspreis betrug 1.400.000,00 DM.

6.2 Beispiel Gewerbeobjekt

Lage: Unter den Linden Ecke Friedrichstraße in Berlin-Mitte

Grundstücksbeschreibung:

Größe:	545,00 m²
Maß der Nutzung (GFZ):	5,67
Art der Ausweisung:	Kerngebiet

Objektlage: Das dem Beispiel zugrundegelegte Objekt befindet sich in einer exponierten und zentralen Citylage an

---

[202] Die Werte werden in Tausend DM-Beträgen angegeben

der Straße Unter den Linden in Berlin-Mitte. Die Lage ist historisch bedingt sehr gefragt, auch als Standort nationaler und internationaler Firmen.

Das Grundstück selbst liegt im Kreuzungsbereich der Straße Unter den Linden und der Friedrichstraße. Eine Erschließung ist von beiden Straßen aus möglich.

Objektbeschreibung: Im Jahre 1935 als 6-geschossige und vollunterkellerte Eckbebauung mit teilausgebautem Dachgeschoß errichtet. Der unausgebaute Dachgeschoßteil ist zum weiteren Ausbau geeignet. Es liegt vollgewerbliche Nutzung vor.

Das Kellergeschoß dient überwiegend zu Lagerzwecken bzw. den haustechnischen Anlagen oder steht leer. Im Erdgeschoß befinden sich ein Lebensmittelladen und die im Ausbau befindlichen Räumlichkeiten eines Kreditinstitutes.

Die Obergeschosse und das ausgebaute Dachgeschoß werden gewerblich genutzt, es liegt Büro-, im Dachgeschoß auch Lagernutzung vor.

Die vermietbaren Nutzflächen betragen überschläglich:

Läden im Erdgeschoß:	336,50	m^2
Büros in den Obergeschossen:	1.710,00	m^2
Lagerflächen im Dachgeschoß:	292,00	m^2
Sanitärbereiche im Kellergeschoß:	26,00	m^2
	2.364,50	**m2**

Derzeitiger Zustand: Stahlkonstruktion mit grundsätzlich hoher Nutzungsflexibilität, die jedoch aufgrund des Alters und der speziellen Ecksituation eingeschränkt ist. Die Geschoßhöhe liegt außer im Erdgeschoß unter 3,0 m. Die Bausubstanz ist solide, weist jedoch zahlreiche altersbedingte Mängel bzw. Mängel infolge unterlassener Instandsetzungen auf. Die Ausstattung ist überwiegend verbraucht, in Teilbereichen wurden einfache Instandsetzungen durchgeführt. Da die Obergeschosse noch über ein Nachbargebäude erschlossen werden, reduziert sich die vermietbare EG-Ladenfläche auf 250,00 m^2. Weiterhin sind zwei Aufzüge vorhanden. Umfassende Instandsetzungs- und Modernisierungsmaßnahmen sind erforderlich.

Mögliche Alternativen (a):

Für die Entscheidenden sind die folgenden ausgewählten Handlungsalternativen denkbar:

a_1: Das Gebäude wird genutzt wie bisher. Bauliche Veränderungen werden nicht durchgeführt, In standhaltungen nur im erforderlichen Rahmen. Die noch im Ausbau befindlichen Erdgeschoßräume werden weiterver mietet (250,00 m^2). Die Kosten zur Instandsetzung betragen rd. 2.000.000,00 DM.

a_2: Das Gebäude wird umfassend und mietertragsorientiert modernisiert und instandgesetzt. Der Standard wird je doch konstruktionsbedingt nur ein mittleres Niveau erreichen. Grundrisse, Konstruktion und Geschoßhöhen la sen umfassende Veränderungen und z.B. den Einbau einer Klimaanlage nicht zu. Bei Verwendung hochwertiger Materialien und z.B. Einbeziehung der vorhandenen Hoffläche in den öffentlichen Bereich als Foyer o.ä. ist eine gute Qualität zu erreichen, die jedoch dem Standort langfristig nicht gerecht wird. Das Dach wird ausgebaut. Hierbei werden rd. 292,00 m^2 Büroraum geschaffen. Die Ladenfronten werden hochwertig gestaltet, die Kellernutzflächen den Läden zugeschlagen. Die Kosten wurden hierfür insgesamt mit rd. 6.350.000,00 DM ermittelt.

a_3: Abriß der vorhandenen Bausubstanz und Veräußerung des somit bebaubaren Grundstückes, evtl. mit einer genehmigten Neubauplanung.

a_4: Abriß der vorhandenen Bebauung und Errichtung eines Neubauprojektes der gehobenen Klasse. Hierbei wäre ein städtebauliches Konzept denkbar, das die Betonung des Eckgrundstückes vorsieht und somit evtl. eine höhere bauliche Ausnutzung ermöglicht.

Umweltzustände (Z):

Es wirken sich vordringlich aus:

Z_1: Mietentwicklung der Gewerberaummieten bei Büro- und Ladennutzung und bestehender Bausubstanz und der Durchführung nur der erforderlichen Instandsetzungsmaßnahmen: Angaben über die bestehenden Mietverträge, Miethöhen und Laufzeiten lagen nicht vor. Entscheidend ist hier jedoch die mittelfristige Entwicklung des Mikro- und des Makrostandortes. Bei der Straße Unter den Linden handelt es sich traditionell um eine besonders gefragte und renommierte Geschäftslage. Es ist zu erwarten, daß der Standort Unter den Linden den Lagewert des Kürfürstendamms übersteigen wird.

Sollte sich die zur Zeit leichte weltweite Rezession auch auf die Bundesrepublik Deutschland auswirken, sind Stagnationen im Mietpreisgefüge zu erwarten.

Grundsätzlich ist auch die Entwicklung des Ostteils von Berlin zu berücksichtigen. Hier kommt es besonders auf die Entwicklung der unmittelbar angrenzenden Gebiete, wie Bahnhof Friedrichstaße oder den Bereich um den Gendarmenmarkt, an. Die zur Zeit nachhaltig erzielbare Miete nach Durchführung der erforderlichen Instandsetzungsmaßnahmen beträgt 35,00 DM/m^2 für die Büroflächen und 120,00 DM/m^2 für die Ladenlokale. Die Betriebskosten betragen durchschnittlich 4,00 DM/m^2.

Z_2: Mietentwicklung der Gewerberaummieten bei Büro- und Ladennutzung und bestehender Bausubstanz und der Durchführung von mietertragsorientierter Modernisierung und Instandsetzung: Bei Instandsetzung und Modernisierung sowie nach erfolgtem Dachgeschoßausbau sind 170,00 DM/m^2 für die Ladenlokale und 60,00 DM/m^2 für die Büroflächen und das Dachgeschoß nachhaltig erzielbar. Die Betriebskosten betragen durchschnittlich 4,00 DM/m^2.

Z_3: Miethöhen der Gewerberaummieten bei Büro- und Ladennutzung und Neubebauung: Die Gewerbemieten bei einem Neubau an gleicher Stelle mit entsprechend hochwertiger Ausstattung sind bei rd. 80,00 DM/m^2 für Büronutzung und bei 200,00 DM/m^2 für die Ladenlokale anzusetzen.

Z_4: Baugenehmigungen und Nutzungsmaß: Hinsichtlich der Modernisierung und Instandsetzungen sind seitens der Baubehörden keine Einschränkungen zu erwarten. Bei der Einbeziehung des Hofes in den öffentlichen Bereich, z.B. als Foyer, könnten jedoch Bedenken seitens der Behörden zu erwarten sein. Der Dachgeschoß ausbau ist grundsätzlich genehmigungsfähig, da der Dach stuhl bereits vor der Zerstörung durch Kriegseinwirkung ausgebaut war.

Der Abriß des Gebäudes ist genehmigungsfähig, wobei hier die Argumentationsgrundlage in dem allgemeinen Zustand der Bausubstanz besteht.

Das Grundstück ist für Berliner Verhältnisse hoch ausgenutzt (GFZ ca. 5,67). Bei der behördlichen Auflage, die Traufhöhen der umliegenden Bebauung einzuhalten, wäre eine weitere Überschreitung der GFZ nur mit Einschränkungen möglich. Eine Zustimmung zur GFZ-Überschreitung könnte aber mit Hinweis auf das bauliche Maß eines Nachbargrundstückes und somit aus städtebaulichen Gründen erlangt werden.

Eine weitere Möglichkeit ergibt sich aus einem städtebaulichen Konzept, das die architektonische Betonung des Eckbereiches Unter den Linden Ecke Friedrichstraße wünscht und somit eine höhere bauliche Ausnutzung zu lässig erscheinen läßt.

Die Kombination von Handlungsmöglichkeiten (a) und Zuständen (Z) führt zu folgenden Ergebnissen:

a_1/Z_1:

Bei unveränderter Nutzung und Durchführung der erforderlichen Instandsetzungen ergibt sich bei Ansatz der nachhaltig erzielbaren Mieten in Höhe von 35,00 DM/m^2 für die Büroräume und 120,00 DM/m^2 für die Läden und Instandsetzungskosten in Höhe von 2.000.000,00 DM folgender Ertragswert nach den Richtlinien:

Der Ertragswert beträgt somit:

Monatsmiete:

Ladenlokale im Erdgeschoß (KG ohne Ansatz):

    250,00 m^2 × 120,00 DM/m^2 =   30.000,00 DM

Büroräume in den Obergeschossen:

    1.710,00 m^2 × 35,00 DM/m^2 =   59.850,00 DM

                          89.850,00 DM

Jahresrohmiete:

    89.850,00 DM × 12 Monate =   1.078.200,00 DM

                    rd. 1.080.000,00 DM

Nettoertrag:

Jahresrohmiete:	1.080.000,00 DM
./. Betriebs- und Bewirt.kosten (Gesamtfläche):	
$2.364{,}50\ m^2 \times 4{,}00\ DM/m^2 \times 12 =$ rd.	113.500,00 DM
Nettoertrag:	966.500,00 DM

Vom Nettoertrag ist die Verzinsung des in Grund und Boden gebundenen Kapitals mit 6,0 % des Bodenwertes in Abzug zu bringen:

$3.270.000{,}00\ DM \times 6{,}0\,\% =$	– 196.200,00 DM
Verbleiben für den Gebäudeertrag:	770.300,00 DM

Dieser Ertrag ist auf die Zeit der Restnutzungsdauer zu kapitalisieren. Unter Annahme einer Restnutzungsdauer von 30 Jahren beträgt der Kapitalisator bei 8,0 % Zinsen nach den WertR 76 hier 11,26. Weiterhin ist der o.g. Instandhaltungsrückstau in Höhe von 2.000.000,00 DM in Abzug zu bringen.

Der Ertragswert beträgt somit:

$770.300{,}00\ DM \times 11{,}26$	=	8.673.578,00 DM
	rd.	8.670.000,00 DM
./. Instandhaltungsrückstau:		– 2.000.000,00 DM
+ Bodenwert:		3.270.000,00 DM
Ertragswert des Grundstückes:		**9.940.000,00 DM**

a_1/Z_2 *bis* a_2/Z_1:
Diese Kombinationen sind unrealistisch bzw. scheiden als Zielvorgabe aus. Eine Diskussion ist somit nicht erforderlich.

a_2/Z_2
Bei unveränderter Nutzung und Durchführung von ertragsorientierter Modernisierung und Instandsetzung ergibt sich bei Ansatz der nachhaltig erzielbaren Mieten in Höhe von 60,00 DM/m^2 für die Büroräume und 170,00 DM/m^2 für die Läden sowie Instandsetzungskosten in Höhe von 6.350.000,00 DM folgender Ertragswert:

Monatsmiete:
Ladenlokale im Erdgeschoß:

$$250{,}00 \text{ m}^2 \times 170{,}00 \text{ DM/m}^2 = \quad 42.500{,}00 \text{ DM}$$

Büroräume in den Obergeschossen:

$$1.710{,}00 \text{ m}^2 \times 60{,}00 \text{ DM/m}^2 = \quad 102.600{,}00 \text{ DM}$$

Dachgeschoß:

$$292{,}00 \text{ m}^2 \times 60{,}00 \text{ DM/m}^2 = \quad \underline{17.520{,}00 \text{ DM}}$$
$$162.620{,}00 \text{ DM}$$

Jahresrohmiete:

162.620,00 DM × 12 Monate $\qquad = \quad 1.951.440{,}00$ DM

rd 1.950.000,00 DM

Nettoertrag:

Jahresrohmiete: $\qquad$ 1.950.000,00 DM

./. Betriebs- und Bewirtschaftungskosten:

2.364,50 m^2 × 4,00 DM/m^2 × 12 = $\qquad$ rd. $\underline{113.500{,}00 \text{ DM}}$

Nettoertrag: $\qquad$ 1.836.500,00 DM

Vom Nettoertrag ist die Verzinsung des in Grund und Boden gebundenen Kapitals mit 6,0 % des Bodenwertes in Abzug zu bringen:

3.270.000,00 DM × 6,0 % = $\qquad$ $\underline{- 196.200{,}00 \text{ DM}}$

Verbleiben für den Gebäudeertrag: $\qquad$ 1.640.300,00 DM

Dieser Ertrag ist auf die Zeit der Restnutzungsdauer zu kapitalisieren. Unter Annahme einer Restnutzungsdauer von 50 Jahren nach umfassender Modernisierung und Instandsetzung beträgt der Kapitalisator bei gleicher Höhe der Soll- und Abschreibungszinsen von 8,0 % nach den WertR 76 hier 12,23. Weiterhin ist der o.g. Instandhaltungsrückstau in Höhe von 6.350.000,00 DM in Abzug zu bringen.

Der Ertragswert beträgt somit:

1.640.300,00 DM × 12,23 $\qquad$ = 20.060.869,00 DM

$\qquad$ rd. 20.061.000,00 DM

./. Instandhaltungsrückstau: $\qquad$ − 6.350.000,00 DM

+ Bodenwert: $\qquad$ 3.270.000,00 DM

Ertragswert des Grundstückes: $\qquad$ **16.981.000,00 DM**

a_2/Z_3 *bis* a_3/Z_3

Diese Kombinationen sind unrealistisch oder kommen nicht vor. Eine Diskussion ist somit nicht erforderlich.

a_3/Z_4

Das zukünftige Nutzungsmaß kann von einem Erwerber nicht genau bestimmt werden. Neben städteplanerischen Vorgaben (Baunutzungsplan) hängt die mögliche Grundstücksüberbauung vom Verhandlungsgeschick des Einzelnen und unter anderem von der Vorentwurfsplanung ab. In Citybereichen wird üblichweise eine Überschreitung des zulässigen Nutzungsmaßes genehmigt. Insbesondere bei einer hier vorliegenden Eckbebauung/Baulückenschließung ist mit einer hohen Grundstücksüberbauung zu rechnen. Diese Variante ist aufgrund des fraglichen Nutzungsmaßes nicht hinreichend bestimmbar.

Die Kombinationen a_4/Z_1, a_4/Z_2 und a_4/Z_4 können aus den oben genannten Gründen entfallen.

a_4/Z_3

Diese Alternative erfordert:
– Freimachungskosten
– Kosten der Neubebauung.

Dem entgegenzusetzen ist der Ertragswert der Neubebauung, von dem die Freimachungskosten und die Kosten zur Neubebauung abzuziehen sind.

Die Differenz ergibt sich aus dem Ankaufswert der vorhandenen Immobilie.

Als Abrißkosten werden bei einem Bruttorauminhalt von rd. 12.000,00 m^3 rd. 1.200.000,00 DM angesetzt.

Als mögliche Grundstücksüberbauung wird das gleiche bauliche Maß der bereits vorhandenen Bebauung angesetzt. Die vorhandene Nutzfläche beträgt rd. 2.400,00 m^2. Die Baukosten werden überschläglich mit 4.000,00 DM/m^2 Nutzfläche kalkuliert. Dies entspricht rd. 9.600.000,00 DM. Bei diesem Preis und einer hochwertigen Ausstattung werden für die Büroflächen 80,00 DM/m^2 und für die Ladenlokale 200,00 DM/m^2 nachhaltig erzielt. Der Ertragswert beträgt somit:

Monatsmiete:
Ladenlokale im Erdgeschoß:

400,00 m^2 × 200,00 DM/m^2 =	80.000,00 DM

Büroräume in den Obergeschossen:

2.000,00 m^2 × 80,00 DM/m^2 =	160.000,00 DM
	240.000,00 DM

Jahresrohmiete:

240.000,00 DM × 12 Monate	=	2.880.000,00 DM
	rd.	**2.880.000,00 DM**

Nettoertrag:

Jahresrohmiete:		2.880.000,00 DM
./. Betriebs- und Bewirtschaftungskosten:		
2.400,00 m^2 × 4,00 DM/m^2 × 12 =	rd.	115.200,00 DM
Nettoertrag:		2.764.800,00 DM

Vom Nettoertrag ist die Verzinsung des in Grund und Boden gebundenen Kapitals mit 6,0 % des Bodenwertes in Abzug zu bringen:

3.270.000,00 DM × 6,0 % =		− 196.200,00 DM
Verbleiben für den Gebäudeertrag:		2.568.600,00 DM

Dieser Ertrag ist auf die Zeit der Lebensdauer, die hier mit 100 Jahren angesetzt wird, zu kapitalisieren. Bei Zinsen von 8,0 % beträgt nach den WertR 76 der Kapitalisator 12,49. Hiervon sind die Investitionskosten in Abzug zu bringen.

Der Ertragswert beträgt somit:

2.568.600,00 DM × 12,49	=	32.081.814,00 DM
	rd	32.080.000,00 DM
./. Freimachungskosten:		− 1.200.000,00 DM
./. Neubaukosten:		− 9.600.000,00 DM
+ Bodenwert:		3.270.000,00 DM
Ertragswert des Grundstückes:		**24.550.000,00 DM**

Weiterhin ist ein bei Neubauten üblicher Risikozuschlag des Investors in Abzug zu bringen. Dieser ergibt sich aus den Unsicherheiten in der Entwicklung der Baupreise, rechtlichen Problemen, Zinssteigerungsrisiken und sonstigen Einflüssen und ist mit rd. 25 % des Ertragswertes in Abzug zu bringen.

Ertragswert des Grundstückes:		24.550.000,00 DM
./. 25 %	rd.	6.140.000,00 DM
		18.410.000,00 DM
		rd. 18.400.000,00 DM

Tabelle 10. Zusammenstellung der alternativen Ertragswerte:[203]

	a_1	a_2	a_3	a_4
Z_1	9.940	–	–	–
Z_2	–	16.981	–	–
Z_3	–	–	–	18.400
Z_4	–	–	–	–

Das höchste Wertniveau wird hier bei der Alternative a_4/Z_3 erreicht. Hier ist der Abriß der vorhandenen Bausubstanz und die Errichtung eines Neubaues vorgesehen. Das mittlere Wertniveau ergibt sich aus der Kombination a_2/Z_2. Hier wird von einer mietertragsorientierten Modernisierung und Instandsetzung ausgegangen. Das niedrigste Wertniveau läßt sich mit der Kombination a_1/Z_1 ermitteln. Das Objekt wird wie zuvor genutzt nach Durchführung der dringend erforderlichen Instandsetzungen. Die verbleibenden Kombinationen führen zu keinem Ergebnis. Der Verkehrswert beträgt 17,0 Mio. DM.

---

[203] Die Werte werden in Tausend DM-Beträgen angegeben.

7 Literaturverzeichnis

Aereboe, Friedrich: Die Beurteilung von Landgütern und Grundstücken, Berlin 1924

Bellinger, B.; Vahl, G.: Unternehmensbewertung in Theorie und Praxis, Wiesbaden 1984

Die Bewertung von Liegenschaften: Hrsg. Verein zur Herausgabe von Immobilien-Fachbüchern, Genf 1982

Brückner, O.: unveröffentlichte Lehrgangs unterlagen zu: ABC der Wertermittlung, Gesellschaft des Bauwesens, GdB, Frankfurt/M. 1982

Carthaus, Vilma: Zur Geschichte und Theorie der Grundstückskrisen in deutschen Großstädten mit besonderer Berücksichtigung von Groß-Berlin, Jena 1917

Gabler Wirtschafts-Lexikon, Bd. 1 und 2, Wiesbaden 1983

Gerardy, Theo: Praxis der Grundstücksbewertung, München 1980

Handwörterbuch der Sozialwissenschaften: Hrsg. von Beckerath, Bente u. a., 11. Bd., Göttingen 1961

Hansmeyer, K.-H.: Lehr- und Methodengeschichte, in: Kompendium der Volkswirtschaftslehre, Hrsg. W. Ehrlicher u.a., Bd. 1, Göttingen 1973

Heinen, Edmund: Das Zielsystem der Unternehmung, Grundlagen betriebswirtschaftlicher Entscheidungen, Wiesbaden 1966

Hennig, Friedrich-Wilhelm: Die Verschuldung der Bodeneigentümer in Norddeutschland im ausgehenden 18. Jahrhundert bis gegen Ende des 19. Jahrhunderts, in: Coing/Wilhelm: Wissenschaft und Kodifikation des Privatrechts im 19. Jahrhundert, Bd. 3, Frankfurt 1976, S. 172–200

Jastram, Carl-Günther: Rationelle Baubewertung, Hannover-Kirchrode 1972

Just/Brückner: Handbuch der Grundstückswertermittlung, Bd. 3: Verkehrswert gemäß BBauG und STBauFG, 1973, Düsseldorf 1979

Klocke, W.: Beleihungswert und Verkehrswert, in: Wertermittlung von Grundstücken, Bundesarchitektenkammer, Bonn 1979

Krzymowski, Richard: Geschichte der deutschen Landwirtschaft, Berlin 1961

Landzettel, G.: Wertermittlung bei der wohnraumbezogenen Grundstücksbeleihung durch Sparkassen: Recht und Wirklichkeit, Langwedel 1979

Lenin, Wladimir Iljitsch: Das Agrarprogramm der Sozialdemokratie in der ersten russischen Revolution von 1905–1907, in: Ders.: Werke, Band 13, Berlin 1970, S. 213–437

Letschert, Günther: Private Hypothekenbanken, in: Steffan: Handbuch des Real- und Kommunalkredits, Frankfurt/M. 1977, S. 501–554

Marx, Karl: Das Kapital. Kritik der politischen Ökonomie, in: Marx, Karl u. Engels, Friedrich: Werke, Band 25, Berlin 1968

ders.: Über die Nationalisierung des Grund und Bodens, in: Marx, Karl u. Engels, Friedrich: Werke, Bd. 18, Berlin 1968, S. 59–62

Meitzen, A.: Der Boden und die landwirthschaftlichen Verhältnisse des Preussischen Staates, Berlin 1871

Mellerowicz, Konrad: Der Wert der Unternehmung als Ganzes, Essen 1952

Menges, Günter: Grundmodelle wirtschaftlicher Entscheidungen. Einführung in moderne Entscheidungstheorien, Düsseldorf 1974

Metz, H. J.: Entscheidungsorientierte Wertermittlung von Grundstücken, Diss. Berlin 1979

Müller, J. Heinz: in: Zeitschrift f. Betriebswirtschaft 1975, 45. Jg. 1975, Wiesbaden, S. 604

Müller, Wulf Eberhard: Entwicklung des Hypothekenkredits in Europa, IIIe Congres Inter national Du Credit Agrierle, Paris 1957

Müller-Meerkatz, P.: Textbook Mikroökonomik, München 1976

Ott, Alfred E.: Preistheorie, in: Kompendium der Volkswirtschaftslehre, hrsg. von Ehrlicher, Esenwein-Rothe, Jürgensen u. Rose, Göttingen 1973, S. 107–175

Pausenberger, Ehrenfried: Wert und Bewertung, Stuttgart 1962

Pfarr, Karlheinz: Handbuch der kostenbewußten Bauplanung, Wuppertal 1976

Rehkugler, Heinz; Schindel, Volker: Entscheidungstheorie, Erklärung und Gestaltung betrieblicher Entscheidungen, München 1989

Riecke, Jost: Wohnen in der DDR. Jetzige Lage, Neuorientierungsvorschläge und Bewertung, in: Wohnungswirtschaft und Mietrecht, 43. Jg., Heft 5, Mai 1990, S. 189 –194

Rössler/Langner: Schätzung und Ermittlung von Grundstückswerten, Neuwied und Darmstadt 1975

Rössler/Langner/Simon: Schätzung und Ermittlung von Grundstückswerten, Neuwied, Darmstadt 1986

Ross, F. W.: Leitfaden für die Ermittlung des Bauwertes von Gebäuden, Hannover o. D. (ca. 1928)

Ross, F. W.; Brachmann, R.: Ermittlung des Bauwertes von Gebäuden, Hannover-Kirchrode 1983

Rothkegel, Walter: Handbuch der Schätzungslehre für Grundbesitzungen, Bd. 1 und 2, Berlin 1930

Rüchardt, Konrad: Bewertung und Krediturteil, in: Steffan, Franz: Handbuch des Realkredits, Frankfurt/M. 1963, S. 441–558

Runge, Ernst: Grundstücksbewertung, Berlin 1947

Sieben, Günter; Schildbach, Thomas: Betriebswirtschaftliche Entscheidungstheorie, Düsseldorf 1990

Steffan, Franz: Bodenrecht und Bodenkredit in Vergangenheit und Gegenwart, in: Ders. (Hrsg.): Handbuch des Realkredits, Frankfurt/M. 1963

Vogel, Roland R.: Zur Ermittlung von Grundstückswerten (Bodenpreisen) in der DDR. Bedarf an Grundstücksbewertungen in der DDR, in: Betriebs-Berater, DDR-Rechtsentwicklungen, Beilage 33 zu Heft 26/1990, S. 8–17

Vogels, Manfred: Grundstücks- und Gebäudebewertung marktgerecht, Wiesbaden und Berlin 1982

Weil, Th.: Grundstücksschätzung, Düsseldorf 1958

Wirtschafsprüferhandbuch 1985/86: Düsseldorf 1985

Kommentare, Gesetze und Verordnungen

Anweisung für das Verfahren bei der Ermittlung des Reinertrages der Liegenschaften, in: Gesetz betreffend die anderweitige Regelung der Grundsteuer vom 21. Mai 1861, amtl. Ausgabe, Berlin 1861, § 3

Agrar- und ernährungspolitischer Bericht, Bundestagsdrucksache 12/70, 12/71, Materialband 1991

Arbeitshinweise zur Bewertung der Sacheinlagen von Betrieben der DDR bei der Gründung von Unternehmen mit ausländischer Beteiligung, Ministerium der Finanzen und Preise der DDR, 8.2.1990

Arbeitsrichtlinie zur vorläufigen Bewertung von Grund und Boden in der DM-Eröffnungsbilanz, Ministerium f. Wirtschaft der DDR, 18.07.1990

Baugesetzbuch (BauGB) in der Fassung der Bekanntmachung vom 8. Dezember 1986, BGBl. I S. 2253, zuletzt geänd. durch EVertr v. 31.8.1990, BGBl. II S. 889, 1122

Erster Bericht des Sachverständigenausschusses an den Magistrat von Berlin vom 25. Juli 1990, Hrsg.: Sachverständigenausschuß für die Ermittlung von Bodenleitwerten in Berlin (Ost)

Bodenrichtwerte 31.12.1988, Senatsverwaltung für Bau- und Wohnungswesen V - 1989, Berlin 1989

Entwurf zum Gesetz über die Eröffnungsbilanz in Deutscher Mark und die Kapitalneufestsetzung (DM-Bilanzgesetz) in der Fassung vom 15.08.1990 der Volkskammer der DDR

Gesetz betreffend die anderweitige Regelung der Grundsteuer vom 21. Mai 1861, amtl. Ausgabe, Berlin 1861, § 3

Gesetz über die Bereitstellung von Grundstücken für Baumaßnahmen (Baulandgesetz) vom 15. Juni 1984, GBl. der DDR, Teil I Nr. 17, S. 201

Gesetz zur Privatisierung und Reorganisation des volkseigenen Vermögens (Treuhandgesetz) der DDR, Gesetzblatt Teil I Nr. 33 vom 22.06.1990

Gesetz zur Regelung offener Vermögensfragen vom 31.10.1990, Bestandteil des Einigungsvertrages vom 23.09.1990, BGBl. II Nr. 35, S. 885

Liegenschaftszinssätze für Grundstücke mit Mietwohn- und -geschäftshäusern in Berlin, Bekanntmachung vom 30.07.1990, in: Amtsblatt für Berlin, 40. Jg., Nr. 45 vom 31.08.1990

Hypothekenbankgesetz in der Fassung vom 5. Februar 1963, BGBl. I S. 81, ber. S. 368

Preisverfügung Nr. 3/87: Bewertung von unbebauten und bebauten Grundstücken und Feststellung der Höhe der Entschädigung gemäß Entschädigungsgesetz vom 30. April 1987, herausgegeben vom Ministerrat der DDR

Reichs-Gesetzblatt 1899, Hypothekenbankgesetz, Nr. 32, S. 375

Richtlinien für die Ermittlung des Verkehrswertes von Grundstücken (Wertermittlungs-Richtlinien 1976) (WertR 76) in der Fassung vom 31. Mai 1976, Beil BAnz. Nr. 146–21/76, geänd. durch Bek. v. 8.4.1981, BAnz. Nr. 81, u. Bek. v. 3.2.1986, BAnz. Nr. 45

Statistisches Bundesamt Wiesbaden, Fachserie 17, Reihe 7, Baupreisindizes, vierteljährlich fortgeschriebene und veröffentlichte Preisindizes, Stuttgart und Mainz

Verordnung über wohnungswirtschaftliche Berechnungen (Zweite Berechnungsverordnung - II. BV) in der Fassung der Bekanntmachung vom 5. April 1984, BGBl. I S. 553

Verordnung über die Gründung und Tätigkeit von Unternehmen mit ausländischer Beteiligung in der DDR vom 25.01.1990, GBl. Teil I, Nr. 4 vom 30.01.1990

Verordnung über Grundsätze für die Ermittlung der Verkehrswerte von Grundstücken (Wertermittlungsverordnung - WertV) vom 6. Dezember 1988, BGBl. I S. 2209

Springer-Verlag und Umwelt